더 오래, 더 맛있게
홈메이드 저장식 60

피클 장아찌 병조림

Prologue

사계절의 맛을 담아
피클, 장아찌, 병조림을 만들어보세요

동서양을 막론하고 아주 오랫동안 이어지고 있는 음식 문화가 있어요. 바로 식재료를 저장하는 저장식 문화예요. 사람들은 계절에 얻을 수 있는 재료를 식초, 소금, 장, 오일 등에 절여 좀 더 오래 보존하고 섭취해왔습니다.

우리나라에서도 냉장고가 보급되기 전, 소금이나 장에 푹 절여 만든 장아찌가 겨우내 채소를 섭취할 수 있는 유일한 방법이었어요. 그래서 전통적인 방식으로 만든 저장식은 짜고, 시고, 달았어요. 보존성을 높이는 게 최우선이었기 때문이에요.

지금의 저장식은 그럴 필요가 없어요. 집집마다 냉장고가 있어 저장성이 높아졌고, 가족 수가 적어져 한 번에 많은 양을 만들지 않아도 되니까요. 손이 가는 게 꺼려질 정도로 짜고, 시고, 달게 만들 필요가 없어진 거죠. 그래서 이 책을 쓰게 되었습니다.

이 책에 누구든 맛있게 즐길 수 있는 피클, 장아찌, 병조림 레시피를 담았어요. 염도와 산도, 당도를 줄여 건강을 생각하고, 재료 고유의 맛과 향은 살렸습니다.

염도, 산도가 낮아져 자극적인 맛이 줄어든 피클과 장아찌는 여러 요리에 두루 잘 어울립니다. 곁들이 음식으로 내도 좋고, 반찬은 물론 샐러드로 가볍게 즐겨도 좋아요. 샌드위치나 도시락 속재료로 넣거나 술안주로도 활용할 수 있어요. 과일을 시럽에 조린 병조림은 간식이나 다양한 디저트로 쓸 수 있고요.

냉장고에 남은 재료로 쉽고 간단하게 만들 수 있다는 것도 장점입니다. 한번 만들어두면 다양하게 활용할 수 있어 주부는 물론, 자취생, 바쁜 맞벌이 부부도 요긴하게 쓸 수 있을 거예요.

우리 몸에는 제철 재료가 좋습니다. 각 계절 우리 몸에 필요한 온갖 영양소들을 가지고 있어요. 장 보다가 신선하고 저렴한 제철 채소가 눈에 띄었다면, 냉장고에 남은 채소가 굴러다닌다면 이 책을 펴들고 맛있는 저장식 만들어보세요. 저장식 하나로 식탁이 풍성해지는 것을 경험할 수 있을 거예요.

손성희

차례

피클/장아찌/병조림
만들기 전에

PART 1

피클
*Pickled vegetables
in vinegar*

PART 2

장아찌
*Pickled vegetables
in soy sauce*

PART
3

해물장/기타장

*Marinaded
seafoods*

PART
4

병조림

*Canned
fruits and nuts*

피클/
장아찌/
병조림

만들기 전에

한번 만들어두면 사계절 내내 맛있게 먹을 수
있는 피클, 장아찌, 병조림. 만들고 보관하는 데
필요한 정보를 알아두세요. 맛과 영양을 살릴 수
있는 것은 물론 곰팡이나 세균으로부터
안전하게 보관할 수 있어요.

집에서 만드는 피클/장아찌/병조림

'저장식' 하면 봄여름 채소를 장에 절여 겨우내 꺼내먹던 짭조름한 장아찌만 떠오르나요? 장아찌 외에도 신선한 제철 재료로 만들 수 있는 홈메이드 저장식은 무궁무진하답니다. 집에서 쉽고 맛있게 만들 수 있는 피클, 장아찌, 병조림의 종류와 특징에 대해 알아보세요.

식초로 만드는 피클

식초나 소금, 오일 등으로 재료를 절여 만드는 대표적인 저장식. 산성을 띠는 절임물이 각종 미생물 번식을 억제해 저장 기간이 길어진다. 단단한 뿌리 채소, 잎 채소, 과일 등 다양한 재료로 만들 수 있다. 주로 시거나 새콤달콤하게 만들어 입맛을 돋우는 용도나 기름진 음식의 곁들이로 즐겨 먹는다.

장에 담그는 장아찌

간장이나 고추장, 소금을 이용해 만드는 절임 음식을 말한다. 채소에 소금을 뿌려 수분을 뺀 뒤 간장이나 고추장에 절인다. 강한 염분이 재료가 부패하는 것을 막아 저장 기간을 늘인다. 냉장 기술이 발달되지 않았던 과거, 겨우내 채소를 섭취할 수 있는 방법으로 애용되었다. 전통적인 방법으로 만든 장아찌는 숙성기간이 길고 짠맛이 매우 강하다.

설탕으로 조린 병조림

설탕에 과일이나 채소를 졸이거나 농도가 진한 설탕물을 부어 저장하는 방법이다. 설탕이 재료 속 수분을 배출하고 미생물이 침투하는 것을 막는다. 병조림은 병 속에 공기를 제거하는 탈기 과정이 필요하다. 탈기가 제대로 된 병조림은 실온에서 수개월간 보관할 수 있다. 설탕 외에도 와인이나 다양한 향신료 등을 추가해 맛과 향을 더할 수 있다.

절임물 기본 양념

절임물을 만드는 데 기본이 되는 양념들이 있어요. 식초, 소금, 간장 등 모두 친숙하고 쉽게 구할 수 있는 것들입니다. 각각의 조미료가 어떤 특징을 가지고 저장식에서 무슨 역할을 하는지 알아보세요. 건강하고 맛있는 저장식을 만들기 위한 첫 번째 단계예요.

식초

신맛을 내는 조미료로 절임물의 산도를 높여 미생물 번식을 억제하고 저장성을 높인다.

식초는 재료에 따라 종류가 다양하고 맛과 향이 조금씩 다르다. 주정 식초는 식초 중 톡 쏘는 맛과 향이 가장 강하다. 곡물 식초는 주정 식초보다 신맛과 향이 순한 편이고 과일 식초는 과일이 가진 향과 맛이 배어나와 상큼한 맛을 내기 좋다. 화이트와인으로 만든 식초는 신맛이 적고 향긋해 향이 적은 재료로 저장식을 만들 때 잘 어울린다.

이 책에서는 곡물로 된 양조식초를 기본 식초로 사용하고 기호에 따라 다른 종류의 식초를 섞거나 대체할 수 있다.

간장

짠맛과 감칠맛을 내는 대표적인 조미료. 콩으로 만든 메주를 소금물과 함께 발효시켜 만든다. 발효 과정에서 감칠맛이 생기고, 염도가 높아져 미생물 번식을 억제한다.

종류로는 국간장, 진간장, 양조간장 등이 있다. 국간장은 메주와 소금물을 발효시켜 전통 간장으로 색이 엷고 짠맛이 강하며 구수한 맛이 나는 것이 특징이다. 진간장은 5년 이상 숙성시킨 간장을 말하며 숙성되는 동안 짠맛은 줄고 감칠맛이 생긴다. '왜간장'이라고도 불리는 양조간장은 향이 풍부하고 감칠맛이 나지만 열을 가하면 맛과 향이 약해진다는 단점이 있다.

이 책에서는 짠맛이 덜하고 감칠맛이 나는 진간장을 기본으로 사용하되, 국간장을 조금 섞어 깊은 맛을 더해도 좋다.

소금

짠맛을 내는 조미료로 절임물에 간을 하거나 재료를 절일 때 사용한다. 재료와 만난 소금은 삼투압 현상을 일으켜 재료 속 수분을 배출한다. 수분이 배출되고 염도가 높아진 재료는 미생물이 번식하기 힘들어져 저장성이 높아진다. 종류로는 바닷물에서 얻는 천일염과 자염, 소금광산에서 채취하는 암염, 전기분해 방식으로 만드는 정제염 등이 있다.
이 책에서는 미네랄이 풍부한 천일염을 사용한다.

설탕

사탕수수나 사탕무에서 얻은 원당을 정제해 만든 천연 감미료로 단맛을 내는 데 사용한다. 채소나 과일과 만난 설탕은 산화를 방지하고 수분을 배출해 보존성을 높인다. 백설탕, 황설탕, 흑설탕 등 제조 방법에 따라 종류가 다양하나 당도는 비슷하다. 재료 고유의 맛과 향을 살리려면 흑설탕 같이 색이 진하고 향이 있는 것이 피하는 것이 좋다.
이 책에서는 백설탕을 기본으로 사용한다.

향신료

저장식의 풍미를 높이고 산화를 방지하며 미생물의 번식을 억제해 저장성을 높인다. 종류가 매우 다양하고 가지고 있는 향과 맛, 효능이 다르다. 피클에서는 주로 파슬리, 월계수 잎, 통후추 등이 많이 쓰이고 병조림에서는 달착지근한 계피를 많이 쓴다. 정향, 고수, 캐러웨이, 카다몬 등 각종 향신료를 미리 섞어놓은 피클링 스파이스도 있다.

맛과 영양 높이는 맛내기 육수

짜지 않고 감칠맛은 살아있는 피클, 장아찌, 병조림. 맛내기 육수만 있으면 어렵지 않아요. 몇 가지 재료를 준비해 육수를 내보세요. 육수는 맛과 영양을 높여주는 영양을 높여주는 것은 물론, 만들어 냉동 보관해두면 여러 요리에 활용할 수 있어 유용해요.

피클용 과일육수

물 6컵, 사과 1개, 배 1/4개, 대추 5개

1. 사과와 배는 식초물에 담갔다가 흐르는 물에 깨끗이 씻은 뒤 8등분해 씨를 제거한다.
2. 냄비에 분량의 물과 사과, 배, 대추를 넣고 한소 끔 끓인다.
3. 끓어오르면 중불로 줄인 뒤 20분 더 끓인다.
4. 체에 밭쳐 건더기를 건져낸 뒤 한 김 식힌다.
5. 한 번 쓸 양만큼 나눠 냉동 보관한다.

Tip / 레몬 1/2개나 남은 과일 껍질, 자투리 채소를 넣어도 좋아요.

해물장용 육수

물 6컵, 마른 표고버섯 2개, 육수용 멸치 10마리, 마른 새우 2큰술, 다시마(5×5cm) 1장, 대추 5개, 고추씨 1큰술

1. 멸치는 머리와 내장을 떼어낸다.
2. 마른 표고버섯과 다시마는 키친타월에 물을 묻혀 먼지를 닦아낸다.
3. 냄비를 달군 뒤 멸치를 1분 정도 볶다가 나머지 재료를 넣어 끓인다.
4. 끓어오르면 다시마는 건져내고 중불에서 20분 더 끓인다.
5. 체에 밭쳐 건더기를 건져낸 뒤 한 김 식힌다.
6. 한 번 쓸 양만큼 나눠 냉동 보관한다.

Tip / 사과나 무, 파 뿌리, 조개 등 남은 재료나 감초나 당귀 등 한약재가 있다면 추가해도 좋아요.

장아찌용 육수

물 6컵, 마른 표고버섯 2개, 육수용 멸치 15마리, 다시마
(5×5cm) 1장, 구기자 1큰술, 고추씨 1큰술

1 멸치는 머리와 내장을 떼어낸다.
2 마른 표고버섯과 다시마는 키친타월에 물을 묻
혀 먼지를 닦아낸다.
3 냄비를 달군 뒤 멸치를 1분 정도 볶다가 나머지
재료를 넣어서 끓인다.
4 끓어오르면 다시마는 건져내고 중불에서 20분
더 끓인다.
5 체에 밭쳐 건더기를 건져낸 뒤 한 김 식힌다.
6 한 번 쓸 양만큼 나눠 냉동 보관한다.

Tip / 구기자는 대추 5개로, 고추씨는 마른 고추 1개나
베트남고추 5개로 대체할 수 있어요.

피클/장아찌/병조림 기본 재료

피클
/
장아찌

오이
칼륨과 수분이 풍부해 체내 노폐물 배출을 돕고 갈증을 해소한다. 굵기가 고르고 꼭지가 싱싱한 것을 고른다. 피클 만들 때 굵은소금으로 껍질을 문질러 씻으면 쓴맛을 줄일 수 있다.

고추
매운맛을 내는 캡사이신이 면역력을 향상시키고 다이어트에 도움을 준다. 꼭지가 싱싱하며 크기가 균일한 것을 고른다. 이쑤시개로 구멍을 뚫어 장아찌를 만들면 맛이 잘 밴다.

양파
다양한 영양소가 골고루 함유되어 혈압을 낮추고 콜레스테롤 수치를 낮춘다. 무른 곳 없이 단단하고 무거운 것이 좋다. 장아찌를 담글 땐 단맛이 강한 햇양파로 담근다.

배추
식이섬유와 수분이 많아 변비와 대장 질환에 효과적이다. 겉잎이 짙은 녹색을 띠는 것을 고른다. 피클을 담글 땐 절임물 위로 뜨지 않도록 배추를 잘 눌러준다.

양배추
위장병 치료와 예방에 뛰어난 효과가 있고 식이섬유가 많아 장운동을 활발하게 한다. 겉잎이 연한 녹색을 띠며 단단한 것을 고른다. 억센 심을 제거하고 저장식을 만들어야 식감이 좋다.

당근
베타카로틴과 루테인 성분이 눈 건강에 도움을 준다. 색이 진하고 선명한 것이 영양소가 풍부하다. 저장식을 만들 때는 채 썰거나 필러로 얇게 저며야 맛이 잘 밴다.

콜리플라워
피부 건강과 감기 예방에 좋은 비타민 C가 풍부하다. 봉오리가 단단하게 다물어져 있고 얼룩 없이 깨끗한 것이 좋다. 끓는 물에 살짝 데치면 떫은맛과 불순물을 제거할 수 있다.

콜라비
수분과 미네랄이 풍부하고 칼로리가 낮아 다이어트 식품으로 좋다. 크기가 야구공만 하고 짙은 녹색을 띠는 것을 고른다. 껍질과 심을 제거해야 질기지 않다.

홈메이드 저장식 만들 때 자주 쓰이는 재료를 알아두세요. 신선한 재철 재료를 준비해 피클이나 장아찌, 병조림으로 만들어두면 보관이 쉽고 맛이 변하지 않아 두고두고 맛있게 즐길 수 있답니다.

셀러리

칼륨이 풍부해 나트륨을 몸 밖으로 배출시킨다. 연한 색의 줄기가 굵고 단단하며 줄기에 심줄이 또렷하게 박혀있는 것을 고른다. 잎줄기 끝을 잘라내면 쓴 맛과 향을 줄일 수 있다.

아스파라거스

아스파라긴산이라는 풍부해 피로해소에 도움을 준다. 봉우리가 단단하고 끝이 모여 있으며 줄기가 굵으면서 연한 것을 고른다. 필러로 섬유질 껍질을 벗기면 질긴 식감을 없앨 수 있다.

마늘

강력한 살균작용을 하는 알리신 성분이 많이 들어 있어 면역력을 강화하고 암 예방, 피로해소에 도움을 준다. 장아찌나 피클을 만들 땐 알이 작은 마늘로 담그는 게 좋다.

생강

고유 성분인 진저롤과 쇼가올이 체온을 높이고 동맥경화나 고혈압을 예방한다. 향이 강하고 한 덩어리에 여러 조각이 붙어 있는 것이 좋다. 찬물에 담가 매운맛을 뺀 뒤 사용한다.

무

비타민 C가 풍부해 감기 예방 효과가 있다. 썰어서 햇볕에 말리면 비타민 D가 풍부해진다. 무말랭이 장아찌를 만들 때는 물이나 육수에 충분히 불려 사용해야 군내가 없다.

감자

전분이 풍부해 위산과다로 인한 위장병에 효과적이다. 흠집이 적고 껍질에 주름이 없는 것을 고른다. 싹이 나거나 푸르게 변한 부분은 독성이 있으니 크게 도려낸 뒤 사용한다.

그린빈

'껍질콩'이라고도 불리며 식물성 단백질과 비타민, 식이섬유가 풍부하다. 선명한 초록색을 띠며 쉽게 구부러지는 것을 고른다. 꼬투리를 제거하고 소금물에 살짝 데쳐 사용한다.

병아리콩

식물성 단백질과 비타민 B가 풍부해 체내 콜레스테롤을 낮춘다. 색이 균일하고 상처 없이 윤기 나는 것이 좋고, 저장식을 담글 땐 충분히 삶아야 비린내가 나지 않고 부드럽다.

연어

오메가 3 지방산이 많아 혈관질환을 개선하고 뇌세포 발달에 도움을 준다. 살이 붉고 단단하며 탄력이 있는 것을 고르는 것이 좋다. 연어장을 만들 때는 싱싱한 횟감을 준비한다.

새우

피로해소에 좋은 타우린이 풍부하다. 껍질이 단단하고 몸통과 머리가 잘 붙어 있는 것을 고른다. 등 두 번째와 세 번째 마디 사이에 이쑤시개를 넣어 내장을 제거한 뒤 조리한다.

홍합

단백질과 미네랄이 풍부해 피부미용에 효과적이다. 마른 홍합을 고를 땐 잡냄새가 나지 않는 것이 좋다. 조리할 때 청주를 넣으면 비린내와 잡냄새를 없앨 수 있다.

소라

빈혈을 예방하고 어린이와 청소년 성장에 도움을 준다. 살아 있는 것을 고를 땐 살이 위로 빠져나오지 않고 탄력 있는 것을 고른다. 내장을 제거하고 몸통만 사용해야 맛이 깔끔하다.

전복

풍부한 타우린이 피로해소와 기력회복에 도움을 준다. 살이 통통하며 탄력 있는 것을 고른다. 조리할 땐 끓는 물에 살짝 데쳐 껍질과 몸통을 분리하고 내장을 제거해 사용한다.

꽃게

껍질 속 키틴이 체내에 지방이 축적되는 것을 막고 콜레스테롤을 낮춰 성인병 예방에 효과적이다. 눌렀을 때 탄력이 있는 것을 고른다. 게장은 알이 꽉 찬 암꽃게로 담가야 맛이 좋다.

달걀

필수아미노산과 비타민, 미네랄 등이 풍부하다. 껍데기가 거칠거칠한 것이 신선한 것이다. 달걀을 삶을 때는 실온에 두어 찬기를 뺀 뒤 삶아야 터지지 않고 노른자까지 고루 익는다.

아보카도

비타민과 필수지방산이 풍부해 피부를 매끄럽게 한다. 껍질이 아주 진한 녹색을 띠며 손으로 쥐었을 때 탄력성이 조금 느껴지는 것을 고른다. 눌렀을 때 무른 것은 금방 상하니 피한다.

병조림

방울토마토
풍부한 라이코펜이 암을 예방하고 각종 성인병을 예방한다. 색이 고르고 꼭지가 싱싱한 것이 좋다. 피클이나 병조림을 만들 땐 살짝 데쳐 껍질을 벗긴 뒤 사용한다.

감
포도당과 과당이 풍부해 숙취해소와 피로해소에 좋다. 껍질에 탄력이 있고 윤기가 나며 꼭지가 붙어있는 것을 고른다. 병조림을 만들 땐 떫지 않고 무르지 않은 것으로 만든다.

파인애플
소화효소가 풍부해 과식이나 소화불량에 효과적이다. 껍질의 1/3 정도가 노랗게 변한 것이 달다. 과즙이 바닥에 모여 있기 때문에 병조림을 만들기 하루 전에 뒤집어두었다 사용한다.

포도
폴리페놀이 풍부하고 과당도 많아 피로해소 효과가 뛰어나다. 껍질 위 흰 가루가 많을수록 달콤한 것이다. 병조림을 만들 때 너무 오래 조리면 껍질과 과육이 분리되니 주의한다.

사과
피로해소에 좋은 비타민 C와 각종 유기산이 풍부하다. 껍질에 상처가 없고 탄력 있는 것을 고른다. 껍질을 벗긴 뒤 설탕에 버무렸다가 조리하면 맑은 색의 병조림을 만들 수 있다.

귤
피부와 점막을 튼튼하게 하며 감기예방에 뛰어난 효과가 있다. 껍질이 얇고 크기에 비해 무거운 것이 좋다. 병조림 만들 때는 흰 속껍질을 깔끔하게 제거하고 조려야 부드럽다.

밤
5대 영양소가 골고루 들어 있어 기력 보충 식품으로 좋다. 알이 굵고 껍질에서 윤이 나는 것이 좋다. 속껍질에서 떫은맛이 나니 병조림을 만들 때는 깔끔하게 제거하는 것이 좋다.

옥수수
씨눈에 필수 지방산이 풍부해 체내 콜레스테롤을 낮춘다. 알맹이가 굵고 촘촘히 박혀있으며 눌렀을 때 딱딱하지 않은 것을 고른다. 병조림을 만들 땐 알이 단단한 찰옥수수가 좋다.

제철 재료 캘린더

	1월	2월	3월	4월	5월	6월
채소				오이		
				파프리카		
			마늘, 마늘종			고추
			양배추			
				아스파라거스		
				곰취		깻잎
			버섯			
과일 견과류					체리	
	귤					
						복숭아
해산물			소라			
				꽃게		

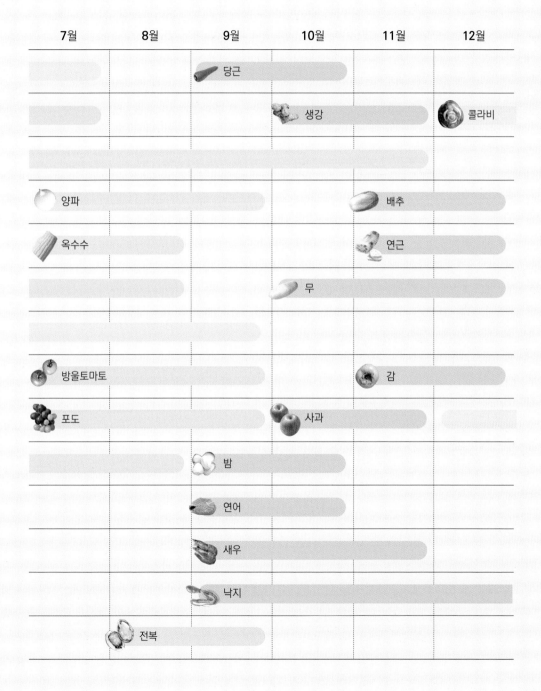

7월	8월	9월	10월	11월	12월

당근

생강 　콜라비

양파 　배추

옥수수 　연근

무

방울토마토 　감

포도 　사과

밤

연어

새우

낙지

전복

피클/장아찌/병조림 기본 도구

피클, 장아찌, 병조림을 담글 때는 복잡한 도구 없이 가정에서 많이 쓰이는 도구로 충분해요. 하지만 몇 가지 도구를 갖춰두면 만드는 과정이 훨씬 쉬워진답니다. 저장식 만드는 데 필요한 도구들을 확인하고, 대체할 수 있는 것들을 알아두세요.

냄비

식초나 간장 등 산도와 염분이 강한 식품을 조리하기 때문에 법랑 냄비나 바닥이 두꺼운 스테인리스 냄비가 적당하다. 알루미늄 냄비는 중금속이 녹아나올 수 있어 피하는 것이 좋다. 저장식에서는 붓고 따르는 과정이 많아 손잡이가 하나인 편수 냄비가 편리하다.

체

절임물을 끓인 뒤 건더기와 국물을 거를 때 쓰거나 재료의 물기를 제거할 때 사용한다. 용도에 따라 큰 체와 고운체를 사용하는데 고운체는 절임물의 거품이나 불순물을 걷어낼 때 쓸 수 있다. 용기에 고정할 수 있는 고리가 달려있는 것이 편리하다.

계량도구

적은 양을 정확하게 재기 위해 필요하다. 계량스푼은 1큰술인 15mL와 1작은술인 5mL짜리가 있는 것으로 고르고, 계량컵은 투명한 유리컵으로 되어 있어야 내용물과 눈금이 잘 보여 쓰기 편하다. 저울은 그램(g) 단위로 잴 수 있는 디지털 저울이 좋다.

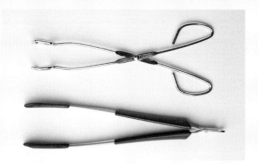

집게

저장용기를 열탕 소독할 때 사용한다. 집게 부분이 실리콘 처리 되어있거나 열탕 소독 전용 집게를 골라야 미끄러지지 않는다. 집게가 없다면 면장갑을 여러 겹 겹쳐 끼고 그 위에 고무장갑을 낀 뒤 재빨리 끓는 물에서 병을 꺼낸다.

국자·깔때기

절임물을 용기에 부을 때 사용한다. 국자는 홈이 있는 것을 골라야 절임물 부을 때 흐르지 않는다. 재질은 열에 강한 스테인리스나 내열 플라스틱으로 된 것을 고른다. 둘 다 없다면 홈이 있는 계량컵이나 종이컵 끝을 살짝 접어 사용한다.

이 책에 사용된 계량법 알아보기

※이 책의 레시피는 종이컵과 밥숟가락을 기준으로 사용합니다.

1컵

보통 크기의 종이컵에 가득 담은 양.

1큰술

밥숟가락에 액체와 가루는 수북이 담고, 장은 평편하게 깎아 담은 양.

1/2큰술

밥숟가락에 액체와 가루는 조금 모자라게 담고, 장은 절반 정도 담은 양.

1작은술

밥숟가락에 액체와 가루는 절반 정도 담고, 장은 1/3 정도 담은 양.

더 오래오래, 저장용기

정성을 담아 만든 피클, 장아찌, 병조림을 오래오래 맛있게 먹으려면 전용 용기를 사용하는 것이 좋아요. 저장용기는 열에 강하고 공기를 잘 차단할 수 있어야 해요. 가장 많이 쓰이는 트위스트식과 클립식, 잠금식 용기에 대해 소개할게요.

트위스트식 용기

여닫기가 쉽고 공기 차단율도 높아 다양한 저장식을 보관할 수 있다. 산도나 염분이 강한 피클이나 장아찌를 저장할 때는 부식을 막기 위해 플라스틱 뚜껑으로 된 것을 사용하는 것이 좋다. 병조림을 만들 때는 금속 뚜껑으로 된 용기를 사용해야 탈기하기가 쉽다. 나사식 용기를 구입할 때는 뚜껑과 용기를 돌려보아 들뜸 없이 꼭 맞는 것을 고른다. 패킹이 없는 것은 공기가 잘 차단되지 않아 저장식이 변질될 수 있으니 피하는 것이 좋다.

클립식 용기

금속으로 된 클립을 눌러서 병을 여닫는 방식으로, 고무나 실리콘으로 된 패킹에 클립으로 압력을 한 번 더 가해 공기를 확실하게 차단한다. 클립이 병과 뚜껑을 단단하게 고정하기 때문에 나사식 용기보다 저장식을 더 오래 보관할 수 있다. 탈기 과정이 있는 병조림에는 적합하지 않고 오래 보관해야 하는 피클이나 장아찌를 저장하기에 좋다. 클립식 용기를 살 때에는 클립이 제대로 움직이는지 확인한다. 뚜껑이 분리되는 것이 세척할 때 편리하고 위생적이다.

잠금식 용기

반찬 보관용으로도 많이 쓰이는 저장용기로, 뚜껑에 달린 날개를 용기의 홈에 끼워 눌러 닫는다. 뚜껑에 실리콘 패킹이 있어 밀폐력이 높고 용기의 크기가 다양하다. 해산물 같이 재료의 부피가 크거나 담을 때 모양이 망가지기 쉬운 저장식을 보관하기에 편리하다. 용기의 재질은 내열 유리로 된 것을 고른다. 플라스틱으로 된 것은 냄새가 잘 배고 쉽게 빠지지 않기 때문에 피하는 것이 좋다.

이런 저장용기는 피하세요

용기의 재질이 스테인리스로 된 것은 산도가 높은 절임물과 만나 부식될 수 있어 적합하지 않습니다. 입구가 너무 좁은 것도 저장식을 담기 어렵기 때문에 피하는 것이 좋아요.

소독법과 탈기법

피클, 장아찌, 병조림을 만들기 전에 소독법과 탈기 과정에 대해 알아보세요. 저장용기를 소독하면 곰팡이 같은 미생물 번식으로 저장식이 변질되는 것을 막을 수 있어요. 완성된 저장식의 양이 적거나 금방 먹는 레시피일 경우는 생략해도 좋아요.

열탕 소독

가장 일반적인 소독 방법으로 냄비에 물을 붓고 저장용기를 함께 끓이는 방법이다.

1 냄비에 천을 깔고 용기가 잠길 정도로 찬물을 붓는다.
2 중불에서 10분 이상 끓인다.
3 집게로 병을 건져낸 뒤 마른 천이나 식힘망을 깔고 병을 엎어두어 물기를 완전히 말린다.
4 끓는 물에 30초 정도 뚜껑을 넣고 끓인 뒤 꺼내 말린다.

알코올 소독

열탕 소독이 어려울 경우 도수가 35도 이상인 증류수로 저장용기를 닦아 소독하는 방법이다.

1 저장용기를 깨끗하게 씻어 물기 없이 말린다.
2 도수 35도 이상인 증류수를 깨끗한 천에 충분히 적신다.
3 저장용기와 뚜껑을 꼼꼼하게 닦는다.
4 마른 천이나 식힘망 위에 뒤집어 완전히 말린다.

탈기

병 속 산소를 없애 저장 기간을 늘리는 과정으로
뒤집어 탈기시키는 방식과 뚜껑을 살짝 연 뒤 냄
비에 중탕해 탈기시키는 방식이 있다.

1 저장용기에 갓 만든 저장식을 담는다.
2 뚜껑을 완전히 닫아 밀봉한다.
3 그대로 병을 뒤집어 한 김 식힌다.

다양하게 활용하는 피클/장아찌/병조림

피클, 장아찌, 병조림은 반찬으로 먹는 것이라 생각하기 쉽지만 생각보다 활용할 수 있는 곳이 많아요. 피클은 샐러드나 술안주로 좋고, 해물장은 몇 가지 재료를 곁들이면 간편한 한 그릇 요리가 돼요. 병조림은 빵이나 아이스크림에 곁들여 간식으로 즐기거나 홈베이킹 재료로 쓸 수 있어요.

• 섬유질 채우는 채소 반찬으로
섬유질이 부족한 현대인에게 피클과 장아찌는 부담 없이 먹을 수 있는 채소 반찬이 된다. 밥 외에도 라면, 치킨, 햄버거 등 밥을 대신하는 패스트푸드나 분식에 곁들여 부족한 섬유질을 보충할 수 있다. 아스파라거스 피클이나 양파 피클, 마늘 장아찌 등을 삼겹살이나 스테이크 등 구운 고기에 곁들이면 맛과 영양을 올릴 수 있다.

• 간편한 한 그릇 요리 재료로
해물을 짭조름하게 절인 저장식은 간편한 한 끼 식사로 활용하기 좋다. 연어장이나 새우장 등의 해물장을 밥 위에 올린 뒤 참기름 혹은 버터, 깨소금, 구운 김, 날치알, 무순, 다진 실파 등을 올리면 맛있는 해물덮밥이 금방 완성된다. 해물의 맛과 향이 우러나온 절임물은 냉동 시켜두었다가 조림이나 볶음을 만들 때 양념으로 쓰면 반찬의 감칠맛과 풍미가 좋아진다.

• 샌드위치, 주먹밥 등 도시락 메뉴로
잘 숙성된 저장식만 있으면 도시락 쌀 때도 요긴하다. 절임물만 적당히 없애 담으면 입맛 돋우는 반찬이 되고 짭쪼름한 장아찌를 김밥이나 주먹밥의 속재료로 넣어 활용할 수 있다. 당근을 잘게 썰어 상큼하게 맛을 내 당근 라페를 만든 뒤 베트남 샌드위치 반미에 넣거나 샐러드에 곁들여도 좋다.

• 와인과 어울리는 근사한 술안주로
구운 버섯 피클, 방울토마토 피클 등 저장식 중에는 술안주로도 훌륭한 메뉴들이 있다. 특히 새콤달콤한 피클은 와인과 잘 어울려 치즈, 햄, 올리브 등과 함께 곁들여 플래터를 만들면 손님상이나 파티 요리로 활용하기 좋다.

• 카페 부럽지 않은 디저트로
달콤한 병조림은 하나씩 꺼내먹어도 좋지만 다른 디저트에 곁들이면 더 맛있다. 요거트에 넣어 견과류와 함께 섞어 먹거나 아이스크림과 곁들여도 맛있고, 팬케이크나 와플 위에 토핑으로 올린 뒤 생크림을 곁들이면 카페 부럽지 않은 디저트가 된다. 바삭하게 구운 빵 위에 버터를 바르고 치즈와 같이 올려 카나페 같은 핑거 푸드로 활용해도 좋다.

이것만 알면
어렵지 않아요

1

재료는 깨끗하게 씻어
물기를 없애요

저장식은 재료를 껍질째 사용하는 경우가 많기 때문에 깨끗이 씻어 물기를 완전히 말려 준비해야 저장 기간이 길어져요. 특히 표면이 고르지 못한 감귤류나 채소는 굵은소금으로 박박 문질러 닦거나, 베이킹소다를 물에 푼 뒤 담갔다 씻어 불순물을 제거하세요.

2

수분이 많은 채소는
두 가지 방법을 기억하세요

오이 같이 수분이 많은 채소에 숙성되는 동안 채소에서 수분이 빠져나와 식감과 저장성이 떨어지기 쉬워요. 소금에 살짝 절여 수분을 빼 준비하거나, 뜨거운 절임물을 부은 뒤 한 김 식혀 바로 냉장 보관하세요.

3

재료의 양은 최대 5배까지
늘릴 수 있어요

모든 레시피는 2인 가정에서 3끼 정도 먹을 수 있는 양을 기준으로 했어요. 가족 수가 많거나 한 번에 많은 양을 만들고 싶을 때는 최대 5배내에서 원하는 만큼 재료를 곱해 준비하세요. 재료를 늘리면 절임물을 넉넉히 만드는 것이 좋고, 누름돌을 준비해 저장식이 뜨지 않게 눌러주세요.

※ 양을 늘릴 때 절임물에 들어가는 소금은 조금 줄이는 것이 좋아요.

4

소금을 많이 넣지 않도록
주의하세요

짜지 않은 저장식을 만들기 위해서는 소금의 양에 신경써야 해요. 계량할 때 천일염 1큰술을 기준으로 납작하게 깎아 넣고, 저염식으로 만들 땐 소금 양을 2/3 또는 1/2까지 줄여보세요. 다만 소금을 줄이면 저장성이 떨어지니 냉장 보관하고 빠른 시일 내에 드세요.

※ 요리가 서툴다면 레시피보다 약간 싱겁게 만들어 숙성시킨 뒤 나중에 소금을 더해 간을 맞추세요.

5

피클 절임물에 향신료를
추가해도 좋아요

이 책의 피클 레시피는 한식에 잘 어울리도록 재구성한 레시피로 피클링 스파이스 등 향신료를 배제했어요. 이국적인 맛과 향을 더하고 싶다면 피클링 스파이스나 월계수 잎 등 향신료를 추가하세요.

6

해물장은 냉동 보관하면
더 오래 먹을 수 있어요

해물장은 쉽게 상하기 때문에 냉장 보관을 기준으로 1주일 내 먹는 것이 가장 좋아요. 양을 늘렸거나 더 오래 보관하며 먹고 싶을 때는 해물과 절임물을 분리해서 냉동 보관했다가 먹기 전 자연해동한 뒤 절임물을 부어 드세요.

7

절임물을 한 번 더 끓이면
저장기간이 늘어나요

이 책의 장아찌 레시피는 몇 번에 걸쳐 먹을 수 있는 양만 만들기 때문에 절임물을 다시 끓여 붓는 과정을 생략했어요. 양을 많이 늘렸거나 좀 더 오래 먹고 싶을 때는 절임물만 따라내 팔팔 끓인 뒤 완전히 식혀 부으면 절임물 속 미생물이 제거되어 저장기간이 더 길어져요.

8

쓰고 남은 채소나
좋아하는 재료를 추가해보세요

이 책의 레시피는 기본적으로 한 가지 재료로 만드는 레시피로 구성되었어요. 하지만 냉장고 속 쓰고 남은 채소가 있거나 좋아하는 재료가 있다면 두세 가지를 섞어 만들어도 좋아요.

PART

1

피클

*Pickled vegetables
in vinegar*

아삭아삭하면서 새콤달콤한 맛이 좋은 피클은 여러 요리
에 두루 어울려요. 신선한 제철 재료를 준비해 시지 않으
면서도 입맛을 돋워주는 피클을 담가보세요. 반찬으로도
좋고 샌드위치 재료나 술안주로도 훌륭해요.

오이 피클

봄·여름 / 냉장 보관 3주

재료(900mL 분량)

오이 ················· 3개
청양고추 ············· 1개
굵은소금 ············· 조금

절임물

물 ················· 2컵
식초 ··············· 6큰술
설탕 ··············· 6큰술
소금 ············· 1½큰술
통후추 ··········· 2작은술

만들기

1 오이는 굵은소금으로 박박 문질러 씻는다.

2 오이의 양끝을 잘라낸 뒤 길게 4등분해 4cm 길이로 썬다. 씨 부분도 도려낸다.

3 청양고추는 꼭지를 떼고 송송 썬다.

4 냄비에 절임물 재료를 넣고 한소끔 끓인다. 불에서 내리면 체로 통후추를 걸러낸다.

5 저장용기에 오이와 청양고추를 넣고 뜨거운 절임물을 붓는다.

6 한 김 식으면 밀봉한 뒤 냉장고에서 12시간 이상 숙성시킨다.

Tip / 오이 씨에는 수분이 많아요. 씨 부분을 도려내야 저장성이 높아지고 아삭아삭한 피클을 만들 수 있어요.

양파 피클

여름 / 냉장 보관 4주

재료(500mL 분량)

양파(중간크기) ········ 1개
적양파 ················· 1개

절임물

물 ················· 1/2컵
식초 ················· 4큰술
설탕 ················· 3큰술
소금 ················· 1큰술
레몬즙 ············· 1큰술

만들기

1 양파와 적양파는 껍질을 벗겨 가늘게 채 썬다.

2 볼에 절임물 재료를 넣고 설탕이 녹을 때까지 고루 섞는다.

3 절임물에 채 썬 양파를 넣고 버무린다.

4 저장용기에 담아 냉장고에 두고 6시간 이상 숙성시킨다.

당근 피클

가을 / 냉장 보관 4주

재료(500mL 분량)

미니 당근 …… 10개(200g)
셀러리 잎 ………… 4~5장

절임물

물 …………………… 1컵
식초 ……………… 3큰술
설탕 ……………… 3큰술
소금 ……………… 1큰술
통후추 …………… 1작은술

만들기

1 미니 당근은 깨끗이 씻어 물기를 없애고 셀러리 잎은 큼직하게 썬다.

2 냄비에 절임물 재료를 넣고 한소끔 끓인다. 불에서 내리면 체로 통후
   추를 건져낸다.

3 저장용기에 미니 당근과 셀러리 잎을 넣고 뜨거운 절임물을 붓는다.

4 한 김 식으면 밀봉한 뒤 냉장고에서 하루 이상 숙성시킨다.

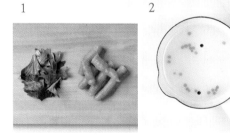
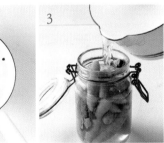

Tip / 일반 당근을 동그랗게 슬라이스하거나 1×5cm 크기 막대 모양으로 잘라
       피클을 담가도 좋아요.

배추 피클

재료(700mL 분량)

알배추 ……1/4포기(250g)
빨간 파프리카 ……… 1/4개
양파 ……………… 1/4개

절임물

물 ………………… 2컵
식초 ……………… 6큰술
설탕 ……………… 6큰술
소금 ……………… 2큰술
통후추 ………… 2작은술

만들기

1 배추는 길게 반 잘라 1cm 너비로 썬다.

2 양파와 빨간 파프리카는 길게 채 썬다.

3 배추와 양파, 빨간 파프리카를 한데 넣어 섞는다.

4 냄비에 절임물 재료를 넣고 한소끔 끓인다. 불에서 내리면 체로 통후추를 건져낸다.

5 저장용기에 ③의 채소를 넣고 뜨거운 절임물을 붓는다.

6 한 김 식으면 밀봉한 뒤 냉장고에서 12시간 이상 숙성시킨다.

Tip / 배추는 가벼워 절임물 위로 뜨기 쉬워요. 작은 누름돌로 눌러두거나 지퍼백에 담아 보관하세요.

총각무 피클

가을 / 냉장 보관 4주

재료(900mL 분량)

총각무	500g
쪽파	100g
굵은소금	조금

절임물

물	1½컵
설탕	1/2컵
식초	1/2컵
소금	2/3큰술
통후추	1큰술
생강	1/4톨

만들기

1 총각무는 무청을 잘라낸 뒤 길게 4등분한다. 무청은 무 길이에 맞춰 썬다.

2 쪽파는 뿌리 끝을 잘라낸 뒤 껍질을 벗기고 총각무 길이로 썬다.

3 무와 무청에 굵은소금을 뿌려 1시간 정도 절인 뒤 찬물에 헹구고 체에 밭쳐 물기를 없앤다.

4 냄비에 절임물 재료를 넣고 한소끔 끓인다. 불에서 내리면 체로 생강과 통후추를 건져낸다.

5 저장용기에 무와 무청, 쪽파를 넣고 뜨거운 절임물을 붓는다.

6 한 김 식으면 밀봉한 뒤 냉장고에서 이틀 이상 숙성시킨다.

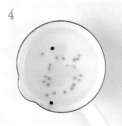

Tip / 청양고추로 매운맛을 추가해보세요. 청양고추 2개를 길게 반 잘라 씨를 제거한 뒤 무와 무청에 섞고 절임물을 부으면 돼요.

할라피뇨 피클

사계절 / 냉장 보관 4주

재료(500mL 분량)

할라피뇨 ·············· 200g
레몬 ················ 1/4조각

절임물

물 ····················· 1컵
식초 ··················· 3큰술
설탕 ··················· 3큰술
소금 ··················· 1큰술
통후추 ·············· 1작은술

만들기

1 할라피뇨는 꼭지를 떼고 0.5cm 두께로 썬다.

2 레몬은 껍질째 식초물에 담가 깨끗하게 씻은 뒤 반달 모양으로 슬라이스한다.

3 냄비에 절임물 재료를 넣고 한소끔 끓인다. 불에서 내리면 체로 통후추를 건져낸다.

4 저장용기에 할라피뇨와 레몬을 넣고 뜨거운 절임물을 붓는다.

5 한 김 식으면 밀봉한 뒤 냉장고에서 12시간 이상 숙성시킨다.

Tip / 할라피뇨는 멕시코 고추로 육질이 두껍고 아삭아삭해 피클 만들기 좋아요. 할라피뇨가 없다면 아삭이고추나 풋고추로 대체할 수 있어요.

당근 라페

가을 / 냉장 보관 2주

재료(350mL 분량)

당근(중간 크기) ········ 1개
이탈리안 파슬리 ··· 3줄기

절임물

올리브오일 ··········· 2큰술
오렌지주스 ··········· 2큰술
식초 ················· 2큰술
설탕 ················· 2큰술
소금 ················ 2/3큰술
홀그레인 머스터드 ··· 1작은술

만들기

1 당근은 껍질을 벗긴 뒤 채칼로 가늘게 채 썬다.

2 이탈리안 파슬리는 잎 부분을 떼어내 곱게 다진다.

3 볼에 절임물 재료를 넣고 설탕이 녹을 때까지 고루 섞는다.

4 채 썬 당근과 이탈리안 파슬리를 넣고 버무린다.

5 저장용기에 담아 냉장고에 두고 3시간 이상 숙성시킨다.

Tip / 당근을 길게 채 썰어 오일에 버무려 만드는 당근 라페는 프랑스에서 즐겨
먹는 절임 음식이에요. 오렌지주스로 상큼하게 맛을 내 샐러드나 샌드위치
속재료로 활용해보세요.

연근 피클

가을 / 냉장 보관 3주

재료(500mL 분량)

연근 ················· 200g
유자청 ················· 1큰술

절임물

물 ··················· 1컵
식초 ··················· 3큰술
설탕 ··················· 3큰술
소금 ··················· 1큰술
통후추 ············· 1작은술

만들기

1 연근은 껍질을 벗긴 뒤 얇게 슬라이스한다.

2 연근은 찬물에 20분 정도 담갔다 끓는 물에 살짝 데친 뒤 체에 밭쳐
   물기를 없앤다.

3 냄비에 절임물 재료를 넣고 한소끔 끓인 뒤 체로 통후추를 건져낸다.

4 저장용기에 연근과 유자청을 넣고 뜨거운 절임물을 붓는다.

5 한 김 식으면 밀봉한 뒤 냉장고에서 12시간 이상 숙성시킨다.

Tip / 연근은 찬물에 충분히 담가서 전분기를 빼야 아삭아삭한 피클을 만들 수
     있어요.

콜라비 피클

겨울 / 냉장 보관 4주

재료(500mL 분량)

콜라비 ········· 1/2개(250g)
청양고추 ··············· 1개
붉은 고추 ··············· 1개

절임물

물 ··················· 1컵
식초 ·············· 3큰술
설탕 ·············· 3큰술
소금 ············· 1큰술
통후추 ·········· 1작은술

만들기

1 콜라비는 필러로 껍질을 두껍게 벗겨 1×4cm 크기로 썬다.

2 청양고추와 붉은 고추는 송송 썬다.

3 냄비에 절임물 재료를 넣고 한소끔 끓인다. 불에서 내리면 체로 통후추를 건져낸다.

4 저장용기에 콜라비와 청양고추, 붉은 고추를 담고 뜨거운 절임물을 붓는다.

5 한 김 식으면 밀봉한 뒤 냉장고에서 하루 이상 숙성시킨다.

Tip / 무를 네모지게 썰어 담그면 치킨에 곁들이는 무 피클을 만들 수 있어요.

파프리카 피클

재료(500mL 분량)

빨간 파프리카 ········ 1/2개
노란 파프리카 ········ 1/2개
초록 파프리카 ········ 1/2개
사과 ················· 1/4개

절임물

물 ·················· 1컵
식초 ··············· 3큰술
설탕 ··············· 3큰술
소금 ··············· 1큰술
통후추 ············· 1작은술

만들기

1 파프리카는 꼭지와 씨, 흰 속살을 제거한 뒤 2.5×2.5cm 크기로 네모지게 썬다.

2 사과는 껍질과 씨를 제거한 뒤 파프리카와 같은 크기로 네모지게 썬다.

3 냄비에 절임물 재료를 넣고 한소끔 끓인다. 불에서 내리면 체로 통후추를 건져낸다.

4 저장용기에 파프리카와 사과를 담고 뜨거운 절임물을 붓는다.

5 한 김 식으면 밀봉한 뒤 냉장고에서 12시간 이상 숙성시킨다.

1

2

3
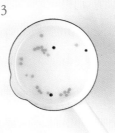

4

5

방울토마토 피클

여름 / 냉장 보관 1주

재료(500mL 분량)

방울토마토 ·········· 250g

절임물

올리브오일 ········· 3큰술
올리고당 ············· 1큰술
화이트 발사믹식초 ··· 1큰술
양파 ················· 1/8조각
이탈리안 파슬리 ····· 3줄기
소금 ················· 1작은술
후춧가루 ················조금

만들기

1 방울토마토는 꼭지를 뗀 뒤 십(十)자 모양으로 칼집을 살짝 넣는다.

2 칼집 낸 방울토마토를 끓는 물에 20초 정도 데친 뒤 찬물에 담가 껍질을 벗긴다.

3 양파와 이탈리안 파슬리는 곱게 다진다.

4 볼에 절임물 재료를 넣고 골고루 섞는다.

5 볼에 토마토를 넣고 과육이 으깨지지 않도록 조심히 버무린다.

6 저장용기에 담아 냉장고에 두고 12시간 이상 숙성시킨다.

Tip / 화이트 발사믹식초가 없다면 양조식초 1큰술과 화이트와인 1작은술, 올리고당 1큰술로 대체할 수 있어요.
이탈리안 파슬리 대신 생 바질을 사용해도 좋아요.

양배추 피클

봄 / 냉장 보관 3주

재료(700mL 분량)

양배추 …… 1/4통(300g)
적양배추 …………… 50g

절임물

물 ………………… 2컵
식초 ……………… 6큰술
설탕 ……………… 6큰술
소금 ……………… 2큰술
통후추 …………… 2작은술

만들기

1 양배추와 적양배추는 가늘게 채 썬다.

2 냄비에 절임물 재료를 넣고 한소끔 끓인다. 불에서 내리면 체로 통후
  추를 건져낸다.

3 저장용기에 양배추를 담고 뜨거운 절임물을 붓는다.

4 한 김 식으면 밀봉한 뒤 냉장고에서 6시간 이상 숙성시킨다.

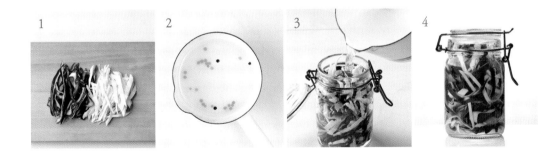

Tip / 깻잎 3~4장을 길게 썰어 넣으면 향이 풍부해져요.

콜리플라워 피클

겨울 / 냉장 보관 3주

재료(500mL 분량)

콜리플라워 … 1/2송이(250g)

절임물

물 …………………… 1컵
식초 ……………… 2큰술
설탕 ……………… 2큰술
소금 …………… 2/3큰술
통후추 ………… 1작은술
월계수 잎 …………… 2장

만들기

1 콜리플라워는 한입 크기로 자른다.

2 냄비에 절임물 재료를 넣고 한소끔 끓인다. 불에서 내리면 체로 통후추와 월계수 잎을 건져낸다.

3 저장용기에 콜리플라워를 담고 뜨거운 절임물을 붓는다.

4 한 김 식으면 밀봉한 뒤 냉장고에서 12시간 이상 숙성시킨다.

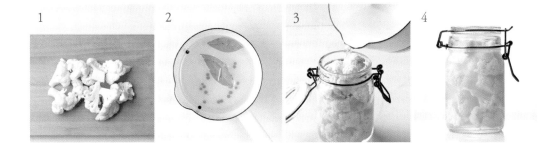

Tip / 청양고추 1개를 넣어 매콤한 맛을 더해도 좋아요.

아스파라거스 피클

봄 / 냉장 보관 2주

재료(450mL 분량)

아스파라거스 ········ 200g
레몬 ················· 1/4개

절임물

물 ····················· 1컵
식초 ················ 3큰술
설탕 ················ 3큰술
소금 ················ 1큰술
통후추 ··········· 1작은술

만들기

1 아스파라거스는 밑동을 잘라낸 뒤 필러로 껍질을 적당히 벗겨낸다.

2 끓는 물에 소금을 조금 넣고 아스파라거스를 살짝 데친다.

3 레몬은 껍질째 식초물에 깨끗이 씻어 물기를 제거한 다음 반달 모양
   으로 얇게 슬라이스한다.

4 냄비에 절임물 재료를 넣고 한소끔 끓인다. 불에서 내리면 체에 걸러
   통후추를 건져낸 뒤 한 김 식힌다.

5 저장용기에 아스파라거스와 레몬을 넣고 식힌 절임물을 붓는다.

6 밀봉해 냉장고에서 6시간 이상 숙성시킨다.

Tip / 아스파라거스 데치는 과정을 생략하고 뜨거운 절임물을 부어 만들 수도 있
어요. 다만 뜨거운 절임물을 부으면 아스파라거스가 누렇게 익을 수 있어요.

병아리콩 피클

사계절 / 냉장 보관 2주

재료(500mL 분량)

병아리콩 ············ 1/2컵

절임물

올리브오일 ·········· 3큰술
화이트 발사믹식초 ··· 3큰술
꿀 ····················· 1큰술
소금 ················· 1작은술
이탈리안 파슬리 ····· 2줄기

만들기

1 병아리콩은 6시간 이상 찬물에 담가 불린다.
2 불린 병아리콩은 중불에서 30분간 삶아 건져 찬물에 식힌 뒤 콩 껍질을 골라내고 체에 밭쳐 물기를 뺀다.
3 이탈리안 파슬리는 잎 부분만 떼어 곱게 다진다.
4 볼에 절임물 재료를 넣고 설탕이 녹을 때까지 고루 섞는다.
5 ④의 절임물에 삶은 병아리콩을 넣고 버무린다.
6 저장용기에 담아 냉장고에서 6시간 이상 숙성시킨다.

2

3

4

5

6

Tip / 병아리콩은 물을 많이 흡수해요. 병아리콩을 불릴 땐 물을 넉넉히 부어 불리세요.
병아리콩 통조림으로 만들 경우 병아리콩 양을 1/2컵에서 1컵으로 늘리고, 뜨거운 물에 한번 헹궈 사용하세요.

셀러리 피클

여름·가을 / 냉장 보관 4주

재료(400mL 분량)

셀러리 ………2대(200g)
베트남고추 …………… 5개

절임물

물 …………………… 1컵
식초 ……………… 3큰술
설탕 ……………… 3큰술
소금 ……………… 1큰술
통후추 ………… 1작은술

만들기

1 셀러리는 칼끝으로 질긴 섬유질을 벗겨낸 뒤 0.5cm 너비로 어슷하게 썬다.

2 냄비에 절임물 재료를 넣고 한소끔 끓인 뒤 체로 통후추를 건져낸다.

3 저장용기에 셀러리와 베트남고추를 넣고 뜨거운 절임물을 붓는다.

4 한 김 식으면 밀봉한 뒤 냉장고에서 12시간 이상 숙성시킨다.

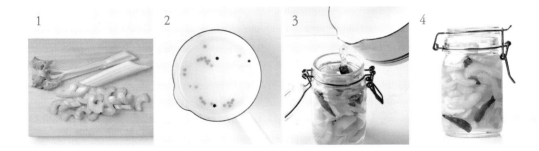

Tip / 베트남고추 대신 마른 고추 1개를 송송 썰어 넣어도 좋아요.

구운 버섯 피클

가을 / 냉장 보관 2주

재료(500mL 분량)

모둠 버섯 ············· 300g
(표고, 양송이, 새송이 등)
올리브오일 ·········· 조금
소금 ··················· 조금

절임물

올리브오일 ·········· 4큰술
식초 ················· 4큰술
간장 ················· 1큰술
올리고당 ············· 1큰술
홀그레인 머스터드 ··· 1/2큰술
소금 ················· 1작은술
후춧가루 ················조금

만들기

1 버섯은 물 묻힌 키친타월로 먼지를 닦아낸 뒤 먹기 좋은 크기로 자른다.
2 달군 팬에 올리브오일을 두른 뒤 센불에서 버섯을 노릇하게 굽는다. 중간중간 소금을 조금 뿌려 밑간한다.
3 볼에 절임물 재료를 넣고 골고루 섞는다.
4 구운 버섯를 한 김 식힌 뒤 볼에 넣어 버무린다.
5 저장용기에 담아 냉장고에 두고 12시간 이상 숙성시킨다.

Tip / 약한 불에서 버섯을 구우면 버섯에서 물이 나와 노릇하게 구워지지 않아요. 버섯은 꼭 센불에서 구우세요.
버섯을 구울 때 다진 마늘 1작은술을 추가하면 향이 더 좋아져요. 다진 마늘을 함께 구울 때는 마늘이 타지 않게 주의하세요.

목이버섯 피클

사계절 / 냉장 보관 2주

재료(500mL 분량)

생 목이버섯 ·········· 200g
베트남고추 ············ 2개

절임물

물 ························· 1컵
식초 ················· 3큰술
설탕 ················· 3큰술
소금 ··············· 2작은술
통후추 ············ 1작은술

만들기

1 목이버섯은 끓는 물에 살짝 데쳐 찬물에 헹군 뒤 체에 밭쳐 물기를 뺀다.

2 목이버섯의 밑동을 잘라낸 뒤 먹기 좋은 크기로 자른다.

3 냄비에 절임물 재료를 넣고 한소끔 끓인다. 불에서 내리면 체로 통후추를 건져낸다.

4 저장용기에 목이버섯과 베트남고추를 넣고 뜨거운 절임물을 붓는다.

5 한 김 식으면 밀봉한 뒤 냉장고에서 하루 이상 숙성시킨다.

1
2
3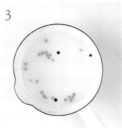
4

5

Tip / 마른 목이버섯을 사용할 때는 찬물에 20분 정도 불린 뒤 헹궈 사용하세요.

생강 피클

가을 / 냉장 보관 4주

재료(450mL 분량)

생강 ················· 200g

절임물

식초 ················· 2/3컵
물 ··················· 1/2컵
설탕 ················· 1/2컵
청주 ················· 1큰술

만들기

1 생강은 껍질을 칼로 긁어 벗겨낸 뒤 얇게 슬라이스한다.

2 슬라이스한 생강은 반나절 이상 찬물에 담가 매운맛과 전분기를 없앤다.

3 끓는 물에 생강을 넣어 1분 정도 데친 다음 찬물에 헹궈 물기를 꼭 짠다.

4 볼에 절임물 재료를 넣고 설탕이 녹을 때까지 고루 섞는다.

5 ④의 절임물에 물기를 꼭 짠 생강을 넣어 버무린다.

6 저장용기에 담아 냉장고에 두고 12시간 이상 숙성시킨다.

1

4

5

6

Tip / 생강을 최대한 얇게 썰어야 매운맛이 쉽게 빠져요. 칼로 얇게 썰기 힘들다면 슬라이서를 이용하세요.
생강을 찬물에 담근 뒤 매운맛이 적당히 빠졌는지 중간중간 맛을 봐가며 확인하세요.

그린빈 피클

여름 / 냉장 보관 2주

재료(500mL 분량)

그린빈(껍질콩) ····· 200g
레몬 ················· 1/4개

절임물

물 ·························· 1컵
식초 ····················· 3큰술
설탕 ····················· 3큰술
소금 ····················· 1큰술
통후추 ················· 1작은술

만들기

1 그린빈은 양끝이 시들거나 지저분한 것을 칼로 잘라내어 손질한다.

2 끓는 물에 소금을 조금 넣고 그린빈을 살짝 데친다. 데친 그린빈은 찬물에 헹구고 체에 밭쳐 물기를 뺀다.

3 레몬은 식초물에 깨끗이 씻어 반달 모양으로 얇게 슬라이스한다.

4 냄비에 절임물 재료를 넣고 한소끔 끓인 다음 체로 통후추를 건져내고 한 김 식힌다.

5 저장용기에 그린빈과 레몬을 넣고 식힌 절임물을 붓는다.

6 밀봉해 냉장고에서 12시간 이상 숙성시킨다.

PART

2

장아찌

*Pickled vegetables
in soy sauce*

오랜 시간 소금과 간장에 절여 만드는 짜고 매운
장아찌는 잊으세요. 짜지 않아 부담 없이 먹을 수
있는 장아찌 레시피를 소개합니다. 장아찌용 육수
만 미리 준비해보세요. 건강하고 맛있는 장아찌
만들기 어렵지 않아요.

마늘 장아찌

봄 / 냉장 보관 4주

재료(700mL 분량)

깐 마늘 ················ 300g

식초물

물 ······················ 1컵
식초 ····················· 2컵

절임물

물 ······················ 1/2컵
간장 ··················· 1/2컵
식초 ··················· 1/4컵
설탕 ··················· 1/4컵

만들기

1 마늘은 칼로 꼭지를 자른다.

2 마늘을 식초물에 일주일 정도 담가둔다. 매운맛과 아린 맛이 빠지면 건져 체에 밭쳐 물기를 뺀다.

3 냄비에 절임물 재료를 넣고 한소끔 끓인다.

4 저장용기에 마늘을 넣고 뜨거운 절임물을 붓는다.

5 한 김 식으면 밀봉해 냉장고에서 3주 이상 숙성시킨다.

1

2

3

4

5

Tip / 장아찌용 마늘은 알이 작은 것으로 담가야 맛이 잘 배요.

83

고추 장아찌

여름·가을 / 냉장 보관 4주

재료(500mL 분량)

풋고추 ················ 150g
청양고추 ··············· 50g

절임물

물 ··························· 1컵
간장 ··················· 3큰술
식초 ··················· 2큰술
설탕 ··················· 2큰술
매실청 ················ 1큰술

만들기

1 풋고추와 청양고추는 꼭지를 떼고 1.5cm 길이로 썬다.

2 냄비에 절임물 재료를 넣고 한소끔 끓인다.

3 저장용기에 풋고추와 청양고추를 담고 뜨거운 절임물을 붓는다.

4 한 김 식으면 밀봉해 냉장고에서 이틀 이상 숙성시킨다.

Tip / 아이와 함께 먹을 거라면 풋고추로만 만들고, 매운맛을 더 내고 싶다면 풋
고추와 청양고추 비율을 1:1로 준비해 만들어보세요.

깻잎 장아찌

여름 / 냉장 보관 4주

재료(500mL 분량)

깻잎 ·········· 5묶음(100g)
마늘 ················· 2톨
생강 ················ 1/2톨

양념장

장아찌용 육수 p.19 ··· 1/2컵
된장 ················ 5큰술
조청 ················ 3큰술
매실청 ··············· 1큰술
맛술 ················ 1큰술

만들기

1 깻잎은 흐르는 물에 한 장씩 씻어 물기를 뺀다. 마늘과 생강은 얇게 채 썬다.

2 볼에 절임물 재료를 넣고 골고루 섞는다.

3 저장용기에 깻잎을 담고 채 썬 마늘과 생강을 중간중간 넣어가며 양념장을 켜켜이 쌓는다.

4 밀봉해 냉장고에 두고 하루 이상 숙성시킨다.

1

2

3

4

양파 장아찌

여름 / 냉장 보관 4주

재료(600mL 분량)

양파(큰 것) …… 1개(200g)

절임물

물 ……………………… 1컵

간장 ……………… 3큰술

식초 ……………… 2큰술

설탕 ……………… 2큰술

매실청 …………… 1큰술

만들기

1 양파는 껍질을 벗기고 양끝을 조금 잘라낸 뒤 방사형 모양으로 6등분한다.

2 냄비에 절임물 재료를 넣고 한소끔 끓인다.

3 저장용기에 양파를 담고 뜨거운 절임물을 붓는다.

4 한 김 식으면 밀봉한 뒤 냉장고에서 이틀 이상 숙성시킨다.

Tip / 장아찌용 미니 양파 또는 샬롯으로 담가도 좋아요.

새송이버섯 장아찌

가을 / 냉장 보관 2주

재료(500mL 분량)

미니 새송이버섯 …… 200g
청양고추 …………… 1개

절임물

장아찌용 육수 p.19 …… 1컵
간장 ……………… 3큰술
식초 ……………… 1큰술
설탕 ……………… 1큰술
올리고당 ………… 1큰술
맛술 ……………… 1큰술

만들기

1 미니 새송이버섯은 물 묻힌 키친타월로 먼지를 닦아낸다. 새송이버섯을 사용할 경우 갓을 제거하고 길게 4등분한다.

2 청양고추는 꼭지를 떼어 송송 썬다.

3 냄비에 절임물 재료를 넣고 한소끔 끓인다.

4 저장용기에 새송이버섯과 청양고추를 넣고 뜨거운 절임물을 붓는다.

5 한 김 식으면 밀봉한 뒤 냉장고에서 하루 이상 숙성시킨다.

Tip / 일반 새송이버섯은 갓을 잘라내고 사용해야 장아찌를 만들었을 때 잡내가 나지 않고 쉽게 무르지 않아요.

표고버섯 장아찌

가을 / 냉장 보관 3주

재료(500mL 분량)

생 표고버섯 ·········· 200g
청양고추 ················ 2개

절임물

물 ······················· 1컵
간장 ···················· 3큰술
식초 ···················· 2큰술
설탕 ···················· 2큰술
매실청 ················· 1큰술

만들기

1 표고버섯은 물 묻힌 키친타월로 먼지를 닦은 뒤 기둥 끝을 잘라내고 먹기 좋은 크기로 썬다.

2 청양고추는 길게 반 잘라 씨를 제거하고 2cm 길이로 썬다.

3 냄비에 절임물 재료를 넣고 한소끔 끓인다.

4 저장용기에 표고버섯과 청양고추를 담고 뜨거운 절임물을 붓는다.

5 한 김 식으면 밀봉해 냉장고에 두고 하루 이상 숙성시킨다.

Tip / 표고버섯 대신 송화버섯으로 만들어도 좋아요.

가지 장아찌

여름 / 냉장 보관 2주

재료(400mL 분량)

가지 ············ 2개(250g)
마늘 ······················ 2톨
마른 고추 ················ 1개
굵은소금 ············· 1큰술

절임물

물 ······················ 1컵
간장 ·················· 3큰술
식초 ·················· 2큰술
설탕 ·················· 2큰술
고추씨 ············ 1작은술

만들기

1 가지는 길게 반 잘라 1cm 두께로 어슷하게 썰고 마늘은 슬라이스한다. 마른 고추는 가위로 송송 썬다.

2 가지에 굵은소금을 뿌려 30분 정도 절인 뒤 손으로 꼭 짜 물기를 제거한다.

3 마른 팬에 가지를 넣고 중불에서 3~4분 정도 볶아 물기를 날린다.

4 냄비에 절임물 재료를 넣고 한소끔 끓인 뒤 체로 고추씨를 건져내고 한 김 식힌다.

5 저장용기에 가지와 마늘, 마른 고추를 넣고 식힌 절임물을 붓는다.

6 밀봉해 냉장고에 두고 6시간 이상 숙성시킨다.

 1
 3
 4
 5

 6

Tip / 마른 고추는 붉은 고추나 베트남고추로 대체할 수 있어요.

감말랭이 장아찌

사계절 / 냉장 보관 3주

재료(300mL 분량)

감말랭이 ·············· 150g
실파 ················· 2뿌리

양념장

고추장 ··············· 4큰술
매실청 ··············· 1큰술

만들기

1 감말랭이는 먹기 좋은 크기로 썰고 실파는 송송 썬다.

2 볼에 고추장과 매실청을 넣고 고루 섞는다.

3 ②에 감말랭이와 송송 썬 실파를 넣고 고루 버무린다.

4 저장용기에 담은 뒤 냉장고에서 하루 이상 숙성시킨다.

1   2   3   4

돼지감자 장아찌

겨울 / 냉장 보관 3주

재료(600mL 분량)

돼지감자 ············· 300g

절임물

장아찌용 육수p.19 ······ 1컵
간장 ··················· 4큰술
식초 ··················· 2큰술
설탕 ··················· 2큰술
매실청 ················ 1큰술

만들기

1 돼지감자는 찬물에 30분 이상 담가 솔로 흙을 털어내고 체에 밭쳐 물기를 없앤다.

2 돼지감자는 껍질째 얇게 슬라이스한다.

3 냄비에 절임물 재료를 넣고 한소끔 끓인 뒤 한 김 식힌다.

4 저장용기에 돼지감자를 넣고 식힌 절임물을 붓는다.

5 밀봉해 냉장고에 두고 3일 이상 숙성시킨다.

무말랭이 장아찌

사계절 / 냉장 보관 4주

재료(500mL 분량)

무말랭이 ················ 50g
생강 ··················· 1/2톨
장아찌용 육수 ········ 1컵

절임물

장아찌용 육수 p.19 ······ 1컵
간장 ··················· 3큰술
식초 ··················· 2큰술
설탕 ··················· 1큰술
올리고당 ············· 1큰술
맛술 ··················· 1큰술

만들기

1 무말랭이는 찬물에 가볍게 헹군 뒤 육수에 담가 1시간 이상 불린다.

2 생강은 칼로 껍질을 벗겨내고 얇게 슬라이스한다.

3 냄비에 절임물 재료를 넣고 한소끔 끓인 뒤 한 김 식힌다.

4 불린 무말랭이는 손으로 물기를 꼭 짠 뒤 생강과 함께 저장용기에 담아 식힌 절임물을 붓는다.

5 밀봉한 뒤 냉장고에서 3일 이상 숙성시킨다.

Tip / 무말랭이는 군내가 나기 쉬워요. 장아찌를 담그기 전에 육수에 불리면 잡
냄새를 없앨 수 있어요.

죽순 장아찌

봄 / 냉장 보관 3주

재료(500mL 분량)

삶은 죽순 ············· 300g

절임물

장아찌용 육수 p.19 ····· 1컵
간장 ················· 4큰술
식초 ················· 2큰술
설탕 ················· 1큰술
올리고당 ············· 1큰술
맛술 ················· 1큰술

만들기

1 삶은 죽순은 빗살무늬를 살려 먹기 좋은 크기로 썬다.

2 냄비에 절임물 재료를 넣어 한소끔 끓인 뒤 한 김 식힌다.

3 저장용기에 죽순을 넣고 식힌 절임물을 붓는다.

4 밀봉해 냉장고에서 하루 이상 숙성시킨다.

Tip / 통조림 죽순은 끓는 물에 소금을 넣은 뒤 살짝 데쳐 사용하세요.
죽순은 삶은 뒤 진공 포장해서 파는 것을 사용하면 편리해요.

더덕 장아찌

가을·겨울 / 냉장 보관 4주

재료(500mL 분량)

더덕	300g
물엿	1컵

양념장

고추장	5큰술
간장	2큰술
매실청	1큰술
고춧가루	1큰술
통깨	2작은술

만들기

1 더덕은 칼로 껍질을 벗기고 길게 반 자른다.

2 더덕이 잠기도록 물엿을 부어 3일 이상 절인 뒤 물엿을 훑어낸다.

3 볼에 양념장 재료를 넣어 골고루 섞는다.

4 더덕을 넣어 버무린다.

5 저장용기에 담아 냉장고에서 이틀 이상 숙성시킨다.

Tip / 더덕 껍질이 잘 벗겨지지 않는다면 끓는 물에 살짝 데쳐보세요. 끓는 물에
소금을 조금 넣고 더덕을 넣어 10초간 데친 뒤 찬물에 헹구면 껍질이 훨씬
잘 벗겨져요.

우엉 장아찌

가을 / 냉장 보관 4주

재료(500mL 분량)

우엉 ············ 1대(300g)

절임물

물 ························· 1컵
간장 ················· 1/2컵
식초 ················· 1/2컵
설탕 ················· 1/3컵
소금 ··············· 1작은술
고추씨 ············· 2작은술
통후추 ············· 1작은술

만들기

1 우엉은 껍질을 벗겨 어슷하게 썬다. 손질한 우엉은 찬물에 30분 정도 담갔다가 체에 밭쳐 물기를 뺀다.

2 냄비에 절임물 재료를 넣고 한소끔 끓인 뒤 체로 고추씨와 통후추를 걸러낸다.

3 저장용기에 우엉을 담고 뜨거운 절임물을 붓는다.

4 한 김 식으면 밀봉한 뒤 냉장고에서 이틀 이상 숙성시킨다.

Tip / 우엉은 필러로 얇게 슬라이스하거나 채 썰어 담가도 좋아요.
우엉은 껍질을 벗긴 뒤 바로 찬물에 담가야 검게 변색되는 것을 막을 수 있어요.

두릅 장아찌

봄 / 냉장 보관 2주

재료(500mL 분량)

두릅 ········ 7~8개(200g)

절임물

물	1컵
간장	3큰술
식초	2큰술
설탕	2큰술
매실청	1큰술

만들기

1. 두릅은 밑동을 자르고 비늘처럼 돋은 갈색 껍질을 도려낸다.
2. 끓는 물에 소금을 넣고 두릅을 20초 정도 데친 뒤 체에 밭쳐 물기를 없앤다.
3. 냄비에 절임물 재료를 넣고 한소끔 끓인 뒤 한 김 식힌다.
4. 저장용기에 손질한 두릅을 넣고 식힌 절임물을 붓는다.
5. 밀봉해 냉장고에서 하루 이상 숙성시킨다.

Tip / 참두릅은 가시가 날카로워요. 손질할 때 다치지 않도록 주의하세요.

마늘종 장아찌

봄 / 냉장 보관 4주

재료(500mL 분량)

마늘종 ·············· 300g
베트남고추 ··········· 5개

절임물

물 ······················ 1컵
간장 ················· 4큰술
식초 ················· 2큰술
설탕 ················· 2큰술
매실청 ··············· 1큰술

만들기

1 마늘종은 억센 부분을 잘라내고 3cm 길이로 썬다.

2 베트남고추는 손으로 잘게 부순다.

3 냄비에 절임물 재료를 넣고 한소끔 끓인다.

4 저장용기에 마늘종을 담고 뜨거운 절임물을 붓는다.

5 한 김 식으면 밀봉한 뒤 냉장고에서 일주일 이상 숙성시킨다.

풋마늘대 장아찌

봄 / 냉장 보관 4주

재료(600mL 분량)

마늘잎 ················· 250g
마른 고추 ················ 1개

절임물

물 ···················· 1컵
간장 ················· 6큰술
식초 ················· 4큰술
설탕 ················· 4큰술
매실청 ················ 2큰술

만들기

1 풋마늘대는 흐르는 물에서 흙을 꼼꼼히 제거하고 3cm 길이로 썬다. 대가 굵은 것은 길게 반 자른다.

2 마른 고추는 가위로 송송 썰거나 손으로 잘게 부순다.

3 냄비에 절임물 재료를 붓고 한소끔 끓인다.

4 저장용기에 마늘잎과 마른 고추를 넣고 뜨거운 절임물을 붓는다.

5 한 김 식으면 밀봉한 뒤 냉장고에서 3일 이상 숙성시킨다.

곰취 장아찌

봄 / 냉장 보관 4주

재료(500mL 분량)

곰취 ·················· 200g
마늘 ·················· 2톨
마른 고추 ··············· 2개

절임물

물 ····················· 1컵
간장 ·················· 3큰술
식초 ·················· 2큰술
설탕 ·················· 2큰술
매실청 ················· 1큰술

만들기

1 곰취는 줄기 끝을 자르고 체에 밭쳐 물기를 완전히 없앤다.

2 마늘은 꼭지를 자르고 얇게 슬라이스한다.

3 마른 고추는 가위로 송송 썬다.

4 냄비에 절임물 재료를 넣어 한소끔 끓인다.

5 저장용기에 곰취와 마늘, 마른 고추를 넣고 뜨거운 절임물을 붓는다.

6 한 김 식으면 밀봉한 뒤 냉장고에서 3일 이상 숙성시킨다.

Tip / 참나물이나 취나물, 명이나물로 만들어도 좋아요.
곰취에 뜨거운 절임물을 부으면 일시적으로 곰취잎이 검게 변해요. 시간이
지나면 누렇게 익으니 걱정하지 않아도 돼요.

달래 장아찌

봄 / 냉장 보관 3주

재료(400mL 분량)

달래 ·················· 300g

양념장

고추장 ·············· 2큰술
간장 ················· 2큰술
올리고당 ············ 2큰술
고춧가루 ············ 2큰술
액젓 ················· 1큰술
매실청 ··············· 1큰술

만들기

1 달래는 알뿌리 부분의 누런 껍질을 제거하고 물에 흔들어 씻는다.

2 볼에 양념장 재료를 넣고 골고루 섞는다.

3 손질한 달래를 넣어 버무린다.

4 저장용기에 담아 냉장고에서 이틀 이상 숙성시킨다.

Tip / 달래 장아찌 먹기 전에 깨소금과 참기름을 넣어 버무려내면 고소한 맛과
향이 더 좋아져요.

냉이 장아찌

봄 / 냉장 보관 4주

재료(500mL 분량)

냉이 ·················· 150g

절임물

물 ······················ 1컵
간장 ················· 3큰술
식초 ················· 2큰술
설탕 ················· 2큰술
맛술 ················· 1큰술

만들기

1 냉이는 찬물에 10분 정도 담근 뒤 뿌리를 칼로 긁어 흙과 시든 부분을 제거한다.

2 끓는 물에 소금 넣은 뒤 냉이를 30초 정도 데치고 체에 밭쳐 물기를 뺀다.

3 냄비에 절임물 재료를 넣어 한소끔 끓인다.

4 저장용기에 손질한 냉이를 담고 한 김 식힌 절임물을 붓는다.

5 밀봉해 냉장고에 두고 이틀 이상 숙성시킨다.

2

3

4

5

해물이나 달걀을 짭조름하게 절인 저장식은 밥 한 그릇을
뚝딱 비우게 하는 밥도둑이에요. 신선한 해산물을 준비해
제철 재료의 향과 감칠맛이 살아있는 저장식을 만들어보
세요. 아이 어른 모두가 좋아하는 건강하고 맛있는 한 끼가
완성돼요.

연어장

가을 / 냉장 보관 1주

재료(600mL 분량)

연어(횟감용) ·········· 300g
양파 ················· 1/4개
레몬 ················· 1/4개
청양고추 ·············· 1개

절임물

간장 ················· 1/2컵
맛술 ················· 1/2컵
해물장용 육수^{p.18} ··· 2/3컵
청주 ················· 3큰술
설탕 ················ 1½큰술
통후추 ················· 조금

만들기

1 냄비에 절임물 재료를 넣고 한소끔 끓인 뒤 체로 통후추를 건져내고 완전히 식힌다.

2 연어는 먹기 좋은 크기로 썬다.

3 양파는 채 썰고 청양고추는 송송 썬다. 레몬은 모양을 살려 얇게 슬라이스한다.

4 저장용기에 연어와 양파, 청양고추, 레몬을 담고 식힌 절임물을 붓는다.

5 밀봉해 냉장고에 두고 12시간 이상 숙성시킨다.

2   3   4   5

Tip / 절임물을 식힌 다음 고추냉이를 2작은술 정도 섞어 매콤한 맛을 내도 좋아요.

새우장

가을 / 냉장 보관 1주

재료(600mL 분량)

중하 ·············· 20마리
레몬 ·············· 1/2개
마늘 ·············· 3톨
생강 ·············· 1톨

절임물

간장 ·············· 1/2컵
해물장용 육수^{p.18} ··· 1/2컵
설탕 ·············· 2큰술
매실청 ············ 2큰술
청주 ·············· 2큰술
맛술 ·············· 1큰술
통후추 ············ 1작은술

만들기

1 냄비에 절임물 재료를 넣어 한소끔 끓은 뒤 통후추를 건져내고 완전히 식힌다.

2 새우는 입, 긴 수염, 뿔을 가위로 자르고 이쑤시개를 내장을 빼낸다.

3 마늘과 생강은 슬라이스하고 레몬은 세로로 모양을 살려 썬다.

4 저장용기에 새우와 대파, 마늘, 생강, 레몬을 넣고 식힌 절임물을 붓는다.

5 밀봉해 냉장고에 두고 하루 이상 숙성시킨다.

2

3

4

5

Tip / 피시소스와 라임을 준비해 이국적인 맛의 새우장을 담가보세요. 간장 양을 줄여 피시소스로 대체하고 레몬 대신 라임을 넣으면 동남아풍의 새우장을 만들 수 있어요.
냉동 새우는 소금물에 넣어 해동시키는 것이 좋아요.

양념 새우장

가을 / 냉장 보관 1주

재료(400mL 분량)

중하 ·············· 20마리

양념장

고춧가루 ·············· 2큰술
간장 ·················· 3큰술
올리고당 ············· 1큰술
매실청 ··············· 1큰술
맛술 ················· 1큰술
다진 대파 ············· 1큰술
다진 마늘 ··········· 1/2큰술
다진 생강 ··········· 1작은술
통깨 ················· 1작은술

만들기

1 새우는 소금물에 흔들어 씻은 뒤 머리와 껍질을 제거하고 이쑤시개로 내장을 빼낸다.

2 마늘과 생강은 강판에 곱게 갈고 대파는 송송 썬다.

3 볼에 양념장 재료를 넣고 고루 섞는다.

4 손질한 새우를 넣어 버무린다.

5 저장용기에 담아 냉장고에 두고 하루 이상 숙성시킨다.

1

2

3

4

5

Tip / 새우를 손질한 뒤 30분 정도 청주에 재워두면 비린내와 잡내를 없앨 수 있어요.

꽃게장

봄·가을 / 냉장 보관 2주

재료(700mL 분량)

꽃게	2마리(500g)
마늘	5톨
생강	1톨
마른 고추	1개

절임물

해물장용 육수 p.18	2컵
간장	1컵
설탕	2큰술
청주	2큰술
매실액	2큰술
통후추	1작은술

만들기

1 냄비에 절임물 재료를 넣고 한소끔 끓인 뒤 체로 통후추를 건져내고 완전히 식힌다.

2 꽃게는 솔로 구석구석 문질러 깨끗하게 닦은 뒤 물기를 제거한다.

3 양파는 채 썰고 마늘과 생강은 슬라이스한다. 마른 고추는 큼직하게 썬다.

4 저장용기에 손질한 게와 양파, 마늘, 생강, 마른 고추를 넣고 식힌 절임물을 붓는다.

5 밀봉해 냉장고에 두고 3일 이상 숙성시킨다. 중간중간 꽃게를 뒤집어야 맛이 골고루 밴다.

1

2

3

4

5

Tip / 절임물을 만들 때 설탕 대신 콜라 1컵을 넣으면 감칠맛이 좋아져요.
4~5일마다 한 번씩 절임물을 끓여서 식혀 부으면 오래 두고 먹을 수 있어요.

낙지장

가을 / 냉장 보관 1주

재료(700mL)

낙지 ·········· 3마리(700g)
마늘 ····················· 3톨
생강 ····················· 1톨
마른 고추 ··············· 1개
밀가루 ················· 2큰술

절임물

해물장용 육수 p.18 ······ 1컵
간장 ················· 2/3컵
설탕 ················· 3큰술
맛술 ················· 3큰술
청주 ················· 2큰술
매실청 ··············· 2큰술

만들기

1 냄비에 절임물 재료를 넣고 한소끔 끓인 뒤 완전히 식힌다.

2 낙지 위에 밀가루를 뿌려 바락바락 비벼 씻은 뒤 흐르는 물에 헹군다.

3 끓는 물에 낙지를 넣어 1분 정도 데친 다음 찬물에 식히고 체에 밭쳐 물기를 없앤다.

4 마늘과 생강은 슬라이스하고 마른 고추는 1cm 길이로 썬다.

5 저장용기에 낙지와 마늘, 생강, 마른 고추를 넣고 식힌 절임물을 붓는다.

6 밀봉해 냉장고에 두고 하루 이상 숙성시킨다.

Tip / 청양고추 2개를 송송 썰어 넣어 매콤한 맛을 더해도 좋아요.

전복장

늦여름·가을 / 냉장 보관 1주

재료(500mL 분량)

전복	5마리
대파	1/3대
마늘	2톨
생강	1/2톨
마른 고추	1개

절임물

간장	1/3컵
물	1/2컵
설탕	2큰술
청주	2큰술
맛술	1큰술

만들기

1 냄비에 절임물 재료를 넣고 한소끔 끓인 뒤 완전히 식힌다.

2 전복을 솔로 문질러 닦은 뒤 끓은 물에 살짝 데친다.

3 데친 전복은 껍데기와 살을 분리한 뒤 내장과 이빨을 제거한다.

4 마늘과 생강은 슬라이스하고 대파와 마른 고추는 송송 썬다.

5 저장용기에 전복과 대파, 마늘, 생강, 마른 고추를 넣고 식힌 절임물을 붓는다.

6 밀봉해 냉장고에 두고 이틀 이상 숙성시킨다.

2

3

4

5

6

Tip / 살아있는 전복으로 장을 담글 땐 전복을 솔로 문질러 깨끗이 씻은 뒤 저장
용기에 넣고 뜨거운 절임물을 부어 만드세요.
전복 손질할 때 끓는 물에 살짝 데치면 껍데기와 살이 쉽게 분리돼요. 이빨
부분은 살짝 칼집을 낸 뒤 밀어내면 깔끔하게 제거할 수 있어요.

소라장

봄 / 냉장 보관 4주

재료(500mL 분량)

자숙 소라	300g
양파	1/4개
대파	1/2대
붉은 고추	1개

절임물

물	1/2컵
간장	3큰술
올리고당	2큰술
매실청	2큰술
청주	2큰술
맛술	2큰술

만들기

1 소라는 먹기 좋은 크기로 썬다.

2 양파는 네모지게 썰고 대파와 붉은 고추는 송송 썬다.

3 냄비에 절임물 재료를 넣고 한소끔 끓인다.

4 저장용기에 소라와 양파, 대파, 붉은 고추를 넣고 뜨거운 절임물을 붓는다.

5 밀봉해 냉장고에 두고 하루 이상 숙성시킨다.

1

2

4

5

Tip / 소라 대신 꼬막이나 골뱅이, 우렁이로 대체해도 맛있어요.

마른 홍합장

사계절 / 냉장 보관 2주

재료(400mL 분량)

마른 홍합 ············ 100g
마늘 ······················· 2톨
생강 ······················· 1톨
마른 고추 ··············· 1개

해물장용 육수 p.18 ······ 1컵

절임물

간장 ··················· 1/2컵
맛술 ··················· 1/2컵
청주 ··················· 3큰술
설탕 ················ 1½큰술
통후추 ············· 1작은술

만들기

1 냄비에 절임물 재료를 넣고 끓인 뒤 체로 통후추를 건져내고 한 김 식힌다.

2 마른 홍합은 흐르는 물에 가볍게 헹군 뒤 육수에 1시간 정도 담가 불린다.

3 생강과 마늘은 슬라이스하고 마른 고추는 송송 썬다.

4 저장용기에 불린 홍합과 마늘, 생강, 마른 고추를 넣고 식힌 절임물을 붓는다.

5 밀봉해 냉장고에서 하루 이상 숙성시킨다.

1

2

3

4

5

달걀장

사계절 / 냉장 보관 2주

재료(800mL 분량)

달걀 5개

절임물

간장 1/2컵
물 1/2컵
올리고당 2큰술
설탕 1큰술
양파 1/6개
실파 3대
청양고추 1개
참기름 1큰술
깨소금 1큰술

만들기

1 달걀은 1시간 이상 실온에 두어 찬기를 뺀다. 냄비에 달걀이 잠기도
   록 물을 붓고 반숙이 되도록 10분 정도 삶은 뒤 껍질을 벗긴다.

2 양파와 붉은 고추, 청양고추는 곱게 다지고 실파는 송송 썬다.

3 볼에 절임물 재료를 넣고 설탕이 녹을 때까지 골고루 섞는다.

4 저장용기에 반 자른 달걀을 담고 다진 양파, 고추, 실파를 올린 다음
   절임물을 붓는다.

5 밀봉해 냉장고에 두고 12시간 이상 숙성시킨다.

1

2

3

4

5

Tip / 삶은 달걀을 자르지 않고 절임물을 부어 숙성시킨 뒤 먹기 직전 반 잘라 먹
      어도 좋아요.

달걀 노른자장

사계절 / 냉장 보관 1주

재료(300mL 분량)

달걀 ···················· 7개

절임물

간장 ················· 5큰술
물 ······················ 5큰술
맛술 ················· 3큰술
설탕 ··············· 1/2큰술

만들기

1 노른자 분리기에 달걀을 깨뜨려 올려 노른자와 흰자를 분리한다.

2 볼에 절임물 재료를 넣고 설탕이 녹을 때까지 고루 섞는다.

3 저장용기에 절임물을 붓고 노른자가 터지지 않도록 조심히 올린다.

4 밀봉해 냉장고에 두고 6시간 이상 숙성시킨다.

Tip / 노른자 분리기가 없다면 손으로도 쉽게 분리할 수 있어요. 손을 깨끗이 씻
은 뒤 달걀을 올리고 손가락을 살짝 벌려 가볍게 흔들면 노른자와 흰자가
쉽게 분리돼요.
간장 대신 일본식 간장인 츠유를 사용하면 감칠맛이 더 좋아져요.
맛술 대신 청주를 사용할 경우 절임물을 한소끔 끓여 알코올을 날린 뒤 완
전히 식혀 사용하세요.

아보카도장

사계절 / 냉장 보관 2주

재료(500mL 분량)

아보카도 ················ 2개
적양파 ·············· 1/4개
붉은 고추 ·············· 1개
레몬 ················ 1/4개

절임물
물 ··················· 2/3컵
간장 ················ 1/2컵
올리고당 ············ 1/3컵

만들기

1 아보카도는 씨까지 칼집을 깊게 넣은 뒤 과육을 비틀어 반 자른다.

2 껍질을 벗겨 길게 반 자르고 1.5cm 두께로 썬다.

3 적양파는 채 썰고 붉은 고추는 송송 썬다. 레몬은 슬라이스한다.

4 볼에 절임물 재료를 넣고 고루 섞는다.

5 저장용기에 아보카도와 적양파, 붉은 고추, 레몬을 넣고 절임물을 붓는다.

6 밀봉해 냉장고에 두고 12시간 이상 숙성시킨다

Tip / 아보카도는 과육이 부드럽고 미끄러워 칼로 손질할 때 다치기 쉬워요. 과육에 칼집을 내거나 칼로 씨를 찍어 빼낼 때 다치지 않게 주의하세요.
방울토마토 5개를 반 잘라 넣거나 청양고추 2개를 송송 썰어넣어도 좋아요.

PART

4

병조림

Canned
fruits and nuts

쉽게 무르고 상해버리는 과일, 병조림으로 만들
어 오래오래 맛있게 즐기세요. 만드는 법도 간단
하답니다. 설탕으로 시럽을 만들어 원하는 재료
를 조리기만 하면 돼요. 완성된 병조림은 디저트
로, 홈베이킹 재료로 다양하게 활용할 수 있어요.

복숭아 병조림

여름 / 냉장 보관 3개월

재료(900mL 분량)

복숭아 ·················· 3개

절임물

물 ···················· 2컵
설탕 ·················· 1⅓컵
화이트와인 ·········· 1컵
레몬즙 ··············· 1큰술

만들기

1 복숭아는 베이킹소다를 뿌려 깨끗이 씻은 뒤 껍질을 벗겨 6등분한다.

2 냄비에 물, 설탕, 화이트와인, 레몬즙을 넣고 설탕이 녹을 때까지 끓인다.

3 손질한 복숭아를 넣고 약불에서 5~10분 정도 조린다.

4 병에 넣어 뚜껑을 닫은 뒤 뒤집어 탈기시킨다.

5 한 김 식으면 냉장 보관한다.

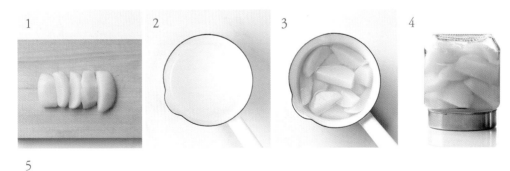

Tip / 과육이 무른 복숭아는 조리는 시간을 반으로 줄이세요.
복숭아 향이 적고 당도가 낮다면 복숭아 껍질이나 복숭아 주스를 절임물에 함께 넣고 만들어보세요. 향과 맛이 훨씬 좋아져요.

귤 병조림

겨울 / 냉장 보관 3개월

재료(800mL 분량)

귤 ····················· 5개

절임물

물 ····················· 1컵
설탕 ····················· 1컵
화이트와인 ············· 1컵

만들기

1 귤은 껍질과 흰 속껍질을 말끔하게 제거한다.

2 냄비에 설탕과 물, 화이트와인을 넣고 설탕이 녹을 때까지 끓인다.

3 손질한 귤을 넣고 약한 불에서 과육이 으깨지지 않도록 뒤적여가며
   10분 정도 더 조린다.

4 병에 넣어 뚜껑을 닫은 뒤 뒤집어 탈기시킨다.

5 한 김 식으면 냉장 보관한다.

1  2  3  4

5

Tip / 생강을 얇게 슬라이스해 2~3조각을 함께 넣으면 향이 풍부해져요.

사과 병조림

가을 / 냉장 보관 3개월

재료(800mL 분량)

사과 ····················· 2개
설탕 ····················· 1컵

절임물

물 ······················· 2컵
통계피 ··················· 1개
소금 ·····················조금

만들기

1 사과는 껍질을 벗겨 8조각으로 자른다. 씨 부분은 도려낸다.
2 사과를 설탕에 버무린 뒤 10분 정도 실온에 둔다.
3 냄비에 ②의 사과와 물, 통계피, 소금을 넣고 끓인다.
4 과육이 말갛게 익을 때까지 약한 불에서 15분 정도 조린다.
5 병에 넣어 뚜껑을 닫은 뒤 뒤집어 탈기시킨다.
6 한 김 식으면 냉장 보관한다.

Tip / 물 대신 와인을 넣고 레몬 1/4개, 오렌지 1/2개, 정향 3개를 더하면 프랑스
겨울 음료인 뱅쇼 맛을 낼 수 있어요.

포도 병조림

여름 / 냉장 보관 2주

재료(800mL 분량)

씨 없는 포도 ········ 500g

절임물

화이트와인 ·············· 1컵
물 ···················· 1컵
설탕 ················· 1컵
레몬즙 ··············· 2큰술

만들기

1 포도는 흐르는 물에 깨끗이 씻어 알알이 떼어낸 뒤 체에 밭쳐 물기를 뺀다.

2 냄비에 화이트와인과 설탕, 레몬즙 넣고 설탕이 녹을 때까지 한소끔 끓인다.

3 포도를 넣고 약한 불에서 3분 정도 더 조린다.

4 병에 넣어 뚜껑을 닫은 뒤 뒤집어 탈기시킨다.

5 한 김 식으면 냉장 보관한다.

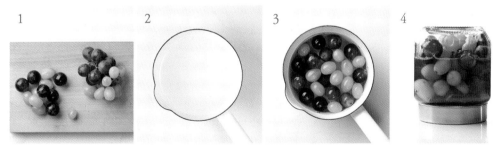

Tip / 단맛이 강한 와인을 사용할 경우 설탕을 줄이는 것이 좋아요.
화이트와인 대신 레드와인으로 대체할 수 있어요.

파인애플 병조림

사계절 / 냉장 보관 3개월

재료(800mL 분량)

파인애플 ········ 1통(500g)
설탕 ····················· 1컵

절임물

화이트와인 ··········· 1/2컵
레몬즙 ················· 2큰술

만들기

1 파인애플은 껍질을 두껍게 잘라내고 가운데 단단한 심을 제거한 뒤 먹기 좋은 크기로 썬다.

2 파인애플에 설탕을 뿌려 버무린 뒤 실온에 10분 정도 둔다.

3 냄비에 화이트와인, 레몬즙, 파인애플을 넣고 약한 불에서 20분 정도 조린다. 거품이 올라오면 걷어낸다.

4 병에 넣어 뚜껑을 닫은 뒤 뒤집어 탈기시킨다.

5 한 김 식으면 냉장 보관한다.

Tip / 파인애플은 과즙이 바닥에 모여 있어 병조림을 만들기 하루 전 뒤집어두었다 사용하면 좋아요.
파인애플은 코코넛과 잘 어울려요. 설탕 대신 코코넛슈가를 넣어보세요.

방울토마토 병조림

여름 / 냉장 보관 4주

재료(900mL 분량)

방울토마토 ·········· 500g

절임물

물 ······················· 1컵
설탕 ····················· 1컵
레몬즙 ················ 1/2컵

만들기

1 방울토마토는 흐르는 물에 깨끗이 씻어 꼭지를 떼고 체에 밭쳐 물기를 없앤다.

2 냄비에 절임물 재료를 넣고 설탕이 녹을 때까지 끓인다.

3 병에 방울토마토를 담고 한 김 식힌 절임물을 붓는다.

4 병에 넣어 뚜껑을 닫은 뒤 뒤집어 탈기시킨다.

5 한 김 식으면 냉장 보관한다.

Tip / 방울토마토를 끓는 물에 살짝 데쳐 껍질을 벗긴 뒤 올리고당 또는 꿀, 매실청 1/2컵과 레몬즙 3큰술, 다진 민트잎 1큰술을 넣어 버무리면 색다른 여름 디저트를 만들 수 있어요.

체리 병조림

여름 / 냉장 보관 3개월

재료(800mL 분량)

체리 ················· 500g

절임물

물 ·························· 1컵
설탕 ····················· 1컵
레몬즙 ················· 1큰술

만들기

1 체리는 꼭지를 떼고 씨까지 칼집을 돌려 넣은 뒤 비틀어 씨를 제거한다.

2 냄비에 물과 설탕, 레몬즙 넣고 젓지 않고 끓인다. 끓어오르면 중약불에서 걸쭉해질 때까지 5분간 더 조린다.

3 손질한 체리를 넣고 약한 불에서 2분 정도 더 조린다.

4 병에 넣고 뚜껑을 닫은 뒤 뒤집어 탈기시킨다.

5 한 김 식으면 냉장 보관한다.

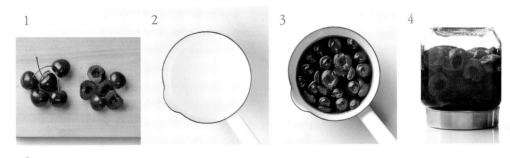

Tip / 체리를 반 자르지 않고 씨를 빼려면 단단한 빨대를 준비해보세요. 빨대를 체리 씨 부분까지 밀어 넣은 뒤 살살 돌려가며 빼면 씨를 쉽게 제거할 수 있어요.
절임물에 와인 1/2컵이나 럼 1/4컵을 추가해도 좋아요.

단감 병조림

가을 / 냉장 보관 8주

재료(600mL 분량)

단감 ······················ 2개
대추 ······················ 3개

절임물

물 ······················ 2컵
설탕 ······················ 1컵

만들기

1 단감은 껍질과 씨를 제거한 뒤 먹기 좋은 크기로 썬다.

2 대추는 반 잘라 씨를 제거한다.

3 냄비에 설탕과 물을 넣고 설탕이 녹을 때까지 끓인다.

4 단감과 대추를 넣고 중약불에서 과육이 익을 때까지 10분 정도 조린다.

5 병에 넣고 뚜껑을 닫은 뒤 뒤집어 탈기시킨다.

6 한 김 식으면 냉장 보관한다.

밤 병조림

가을 / 냉장 보관 3개월

재료(500mL 분량)

깐밤 ·········· 20알(300g)

절임물
설탕 ················· 1/4컵
올리고당 ············ 1/4컵
물 ························ 2컵
소금 ············· 1/2작은술

만들기

1 밤은 찬물에 1시간 이상 담가 전분기를 뺀다.

2 끓는 물에 밤을 10분 정도 삶은 뒤 찬물에 가볍게 헹구고 체에 밭쳐 물기를 없앤다.

3 냄비에 설탕과 올리고당, 물, 소금을 넣고 센불에서 끓인다.

4 절임물이 끓어오르면 중불로 줄인 뒤 밤을 넣고 절임물 양이 반으로 줄 때까지 조린다. 거품이 생기면 걷어낸다.

5 병에 넣고 한 김 식으면 냉장 보관한다.

6 한 김 식으면 냉장 보관한다.

Tip / 계핏가루를 1작은술 추가해도 좋아요.

옥수수 병조림

여름 / 냉장 보관 3개월

재료(500mL 분량)

옥수수 ·················· 3개

절임물

물 ························· 2컵
설탕 ······················ 1컵
소금 ················· 1작은술

만들기

1 옥수수는 껍질을 벗겨 흐르는 물에 씻은 뒤 칼로 알갱이 부분만 잘라낸다.
2 냄비에 물, 설탕, 소금을 넣고 설탕이 녹을 때까지 젓지 않고 끓인다.
3 옥수수 알갱이를 넣고 옥수수가 익을 때까지 중약불에서 15분 정도 조린다.
4 병에 넣고 뚜껑을 닫은 뒤 뒤집어 탈기시킨다.
5 한 김 식으면 냉장 보관한다.

리스컴이 펴낸 책들

• 요리

한 그릇에 영양을 담다
세계인이 사랑하는 K-푸드 비빔밥

세계인의 입맛을 사로잡은 다양한 비빔밥을 소개한다. 인기 비빔밥부터 이색적인 퓨전 비빔밥, 다이어트 비빔밥, 지역별 특색이 드러나는 전통 비빔밥까지 33가지 다채로운 비빔밥을 담았다. K-푸드를 사랑하는 외국 독자들을 위해 영어 번역판과 한식 용어 사전도 함께 수록했다.

전지영 지음 | 168쪽 | 150×205mm | 16,800원

내 몸이 가벼워지는 시간
샐러드에 반하다

한 끼 샐러드, 도시락 샐러드, 저칼로리 샐러드, 곁들이 샐러드 등 쉽고 맛있는 샐러드 레시피 64가지를 소개한다. 각 샐러드의 전체 칼로리와 드레싱 칼로리를 함께 알려줘 다이어트에도 도움이 된다. 다양한 맛의 45가지 드레싱 등 알찬 정보도 담았다.

장연정 지음 | 184쪽 | 210×256mm | 14,000원

그대로 따라 하면 엄마가 해주시던 바로 그 맛
한복선의 엄마의 밥상

일상 반찬, 찌개와 국, 별미 요리, 한 그릇 요리, 김치 등 웬만한 요리 레시피는 다 들어있어 기본 요리 실력 다지기부터 매일 밥상 차리기까지 이 책 한 권이면 충분하다. 누구나 그대로 따라 하기만 하면 엄마가 해주시던 바로 그 맛을 낼 수 있다.

한복선 지음 | 312쪽 | 188×245mm | 16,800원

먹을수록 건강해진다!
나물로 차리는 건강밥상

생나물, 무침나물, 볶음나물 등 나물 레시피 107가지를 소개한다. 기본 나물부터 토속 나물까지 다양한 나물반찬과 비빔밥, 김밥, 파스타 등 나물로 만드는 별미요리를 담았다. 메뉴마다 영양과 효능을 소개하고, 월별 제철 나물, 나물요리의 기본 요령도 알려준다.

리스컴 편집부 | 160쪽 | 188×245mm | 12,000원

대한민국 대표 요리선생님에게 배우는 요리 기본기
한복선의 요리 백과 338

칼 다루기부터 썰기, 계량하기, 재료를 손질·보관하는 요령까지 요리의 기본을 확실히 잡아주고 국·찌개·구이·조림·나물 등 다양한 조리법으로 맛 내는 비법을 알려준다. 매일 반찬 부터 별식까지 웬만한 요리는 다 들어있어 맛있는 집밥을 즐길 수 있다.

한복선 지음 | 352쪽 | 188×254mm | 22,000원

영양학 전문가가 알려주는 저염·저칼륨 식사법
콩팥병을 이기는 매일 밥상

콩팥병은 한번 시작되면 점점 나빠지는 특징이 있어 무엇보다 식사 관리가 중요하다. 영양학 박사와 임상영상사들이 저염식을 기본으로 단백질, 인, 칼륨 등을 줄인 콩팥병 맞춤 요리를 준비했다. 간편하고 맛도 좋아 환자와 가족 모두 걱정 없이 즐길 수 있다.

어메이징푸드 지음 | 248쪽 | 188×245mm | 18,000원

건강을 담은 한 그릇
맛있다, 죽

맛있고 먹기 좋은 죽을 아침 죽, 영양죽, 다이어트 죽, 약죽으로 나눠 소개한다. 만들기 쉬울 뿐 아니라 전통 죽부터 색다른 죽까지 종류가 다양하고 재료의 영양과 효능까지 알려줘 건강관리에도 도움이 된다. 스트레스에 시달리는 현대인의 식사로, 건강식으로 그만이다.

한복선 지음 | 176쪽 | 188×245mm | 16,000원

치료 효과 높이고 재발 막는 항암요리
암을 이기는 최고의 식사법

암 환자들의 치료 효과를 높이고 재발을 막는 데 도움이 되는 음식을 소개한다. 항암치료 시 나타나는 증상별 치료식과 치료를 마치고 건강을 관리하는 일상 관리식으로 나눠 담았다. 항암 식생활, 항암 식단에 대한 궁금증 등 암에 관한 정보도 꼼꼼하게 알려준다.

어메이징푸드 지음 | 280쪽 | 188×245mm | 18,000원

만약에 달걀이 없었더라면 무엇으로 식탁을 차릴까
오늘도 달걀

값싸고 영양 많은 완전식품 달걀을 더 맛있게 즐길 수 있는 달걀 요리 레시피북. 가벼운 한 끼부터 든든한 별식, 밥반찬, 간식과 디저트, 음료까지 맛있는 달걀 요리 63가지를 담았다. 레시피가 간단하고 기본 조리법과 소스 등도 알려줘 누구나 쉽게 만들 수 있다.

손성희 지음 | 136쪽 | 188×245mm | 14,000원

영양학 전문가의 맞춤 당뇨식
최고의 당뇨 밥상

영양학 전문가들이 상담을 통해 쌓은 데이터를 기반으로 당뇨 환자들이 가장 맛있게 먹으며 당뇨 관리에 성공한 메뉴를 추렸다. 한 상 차림부터 한 그릇 요리, 브런치, 샐러드와 당뇨 맞춤 음료, 도시락 등으로 구성해 매일 활용할 수 있으며, 조리법도 간단하다.

어메이징푸드 지음 | 256쪽 | 188×245mm | 16,000원

볼 하나로 간단히, 치대지 않고 쉽게
무반죽 원 볼 베이킹

누구나 쉽게 맛있고 건강한 빵을 만들 수 있도록 돕는 책. 61가지 무반죽 레시피와 전문가의 Tip을 담았다. 이제 힘든 반죽 과정 없이 볼과 주걱만 있어도 집에서 간편하게 빵을 구울 수 있다. 초보자에게도, 바쁜 사람에게도 안성맞춤이다.

고상진 지음 | 248쪽 | 188×245mm | 20,000원

혼술·홈파티를 위한 칵테일 레시피 85
칵테일 앳 홈

인기 유튜버 리니비니가 요즘 바에서 가장 인기 있고, 유튜브에서 많은 호응을 얻은 칵테일 85가지를 소개한다. 모든 레시피에 맛과 도수를 표시하고 베이스 술과 도구, 사용법까지 꼼꼼하게 담아 칵테일 초보자도 실패 없이 맛있는 칵테일을 만들 수 있다.

리니비니 지음 | 208쪽 | 146×205mm | 18,000원

천연 효모가 살아있는 건강빵
천연발효빵

맛있고 몸에 좋은 천연발효빵을 소개한 책. 홈 베이킹을 넘어 건강한 빵을 찾는 웰빙족을 위해 과일, 채소, 곡물 등으로 만드는 천연발효종 20가지와 천연발효종으로 굽는 건강빵 레시피 62가지를 담았다. 천연발효빵 만드는 과정이 한눈에 들어오도록 구성되었다.

고상진 지음 | 328쪽 | 188×245mm | 19,800원

술자리를 빛내주는 센스 만점 레시피
술에는 안주

술맛과 분위기를 최고로 끌어주는 64가지 안주를 술자리 상황별로 소개했다. 누구나 좋아하는 인기 술안주, 부담 없이 즐기기에 좋은 가벼운 안주, 식사를 겸할 수 있는 든든한 안주, 홈파티 분위기를 살려주는 폼나는 안주, 굽기만 하면 되는 초간단 안주 등 5개 파트로 나누었다.

장연정 지음 | 152쪽 | 151×205mm | 13,000원

정말 쉽고 맛있는 베이킹 레시피 54
나의 첫 베이킹 수업

기본 빵부터 쿠키, 케이크까지 초보자를 위한 베이킹 레시피 54가지. 바삭한 쿠키와 담백한 스콘, 다양한 머핀과 파운드케이크, 폼나는 케이크와 타르트, 누구나 좋아하는 인기 빵까지 모두 담겨 있다. 베이킹을 처음 시작하는 사람에게 안성맞춤이다.

고상진 지음 | 216쪽 | 188×245mm | 16,800원

건강한 약차, 향긋한 꽃차
오늘도 차를 마십니다

맛있고 향긋하고 몸에 좋은 약차와 꽃차 60가지를 소개한다. 각 차마다 효능과 마시는 방법을 알려줘 자신에게 맞는 차를 골라 마실 수 있다. 차를 더 효과적으로 마실 수 있는 기본 정보와 다양한 팁도 담아 누구나 향기롭고 건강한 차 생활을 즐길 수 있다.

김달래 감수 | 200쪽 | 188×245mm | 15,000원

부드럽고 달콤하고 향긋한 8×8가지의 슈와 크림
내가 가장 좋아하는 슈크림

누구나 좋아하는 부드러운 슈크림 레시피북. 기본 슈크림부터 화려하고 고급스러운 슈 과자 레시피까지 이 책 한 권에 모두 담았다. 레시피마다 20컷 이상의 자세한 과정사진이 들어가 있어 그대로 따라 하기만 하면 초보자도 향긋하고 부드러운 슈크림을 만들 수 있을 것이다.

후쿠다 준코 지음 | 144쪽 | 188×245mm | 13,000원

소문난 레스토랑의 맛있는 비건 레시피 53
오늘, 나는 비건

소문난 비건 레스토랑 11곳을 소개하고, 그곳의 인기 레시피 53가지를 알려준다. 파스타, 스테이크, 후무스, 버거 등 맛있고 트렌디한 비건 메뉴를 다양하게 담았다. 레스토랑에서 맛보는 비건 요리를 셰프의 레시피 그대로 집에서 만들어 먹을 수 있다.

김홍미 지음 | 204쪽 | 188×245mm | 15,000원

예쁘고, 맛있고, 정성 가득한 나만의 쿠키
스위트 쿠키 50

베이킹이 처음이라면 쿠키부터 시작해보자. 재료를 섞고, 모양내고, 굽기만 하면 끝! 버터쿠키, 초콜릿쿠키, 팬시쿠키, 과일쿠키, 스파이시쿠키, 너트쿠키 등으로 나눠 예쁘고 맛있고 만들기 쉬운 쿠키 만드는 법 50가지와 응용 레시피를 소개한다.

스테이시 아디만도 지음 | 144쪽 | 188×245mm | 13,000원

맛있게 시작하는 비건 라이프
비건 테이블

누구나 쉽게 맛있는 채식을 시작할 수 있도록 돕는 비건 레시피북. 요즘 핫한 스무디 볼부터 파스타, 햄버그 스테이크, 아이스크림까지 88가지 맛있는 비건 요리를 소개한다. 건강한 식단 비건 구성법, 자주 쓰이는 재료 등 채식을 시작하는 데 필요한 정보도 담겨있다.

소나영 지음 | 200쪽 | 188×245mm | 15,000원

리스컴이 펴낸 책들

• 건강 | 다이어트

반듯하고 꼿꼿한 몸매를 유지하는 비결
등 한번 쫙 펴고 삽시다
최신 해부학에 근거해 바른 자세를 만들어주는 간단한 체조법과 스트레칭 방법을 소개한다. 누구나 쉽게 따라 할 수 있고 꾸준히 실천할 수 있는 1분 프로그램으로 구성되었다. 수많은 환자들을 완치시킨 비법 운동으로, 1주일 만에 개선 효과를 확인할 수 있다.
타카히라 나오노부 지음 | 168쪽 | 152×223mm | 16,800원

아침 5분, 저녁 10분
스트레칭이면 충분하다
몸은 튼튼하게 몸매는 탄력 있게! 아침 5분, 저녁 10분이라도 꾸준히 스트레칭하면 하루하루가 몰라보게 달라질 것이다. 아침저녁 동작은 5분을 기본으로 구성하고 좀 더 체계적인 스트레칭 동작을 위해 10분, 20분 과정도 소개했다.
박서희 지음 | 152쪽 | 188×245mm | 13,000원

라인 살리고, 근력과 유연성 기르는 최고의 전신 운동
필라테스 홈트
필라테스는 자세 교정과 다이어트 효과가 매우 큰 신체 단련 운동이다. 이 책은 전문 스튜디오에 나가지 않고도 집에서 얼마든지 필라테스를 쉽게 배울 수 있는 방법을 알려준다. 난이도에 따라 15분, 30분, 50분 프로그램으로 구성해 누구나 부담 없이 시작할 수 있다.
박서희 지음 | 128쪽 | 215×290mm | 10,000원

통증 다스리고 체형 바로잡는
간단 속근육 운동
통증의 원인은 속근육에 있다. 한의사이자 헬스 트레이너가 통증의 근본부터 해결하는 속근육 운동법을 알려준다. 마사지로 풀고, 스트레칭으로 늘이고, 운동으로 힘을 키우는 3단계 운동법으로, 통증 완화는 물론 나이 들어서도 아프지 않고 지낼 수 있는 건강관리법이다.
이용현 지음 | 156쪽 | 182×235mm | 12,000원

남자들을 위한 최고의 퍼스널 트레이닝
1일 20분 셀프PT
혼자서도 쉽고 빠르게 원하는 몸을 만들도록 돕는 PT 가이드북. 내추럴 보디빌딩 국가대표가 기본 동작부터 잘못된 자세까지 차근차근 알려준다. 오늘부터 하루 20분 셀프PT로 남자라면 누구나 갖고 싶어하는 역삼각형 어깨, 탄탄한 가슴, 식스팩, 강한 하체를 만들어보자.
이용현 지음 | 192쪽 | 188×230mm | 14,000원

• 임신출산 | 자녀교육

똑똑한데 산만한 내 아이 집중력 키우는 10가지 로드맵
10대 집중력 수업
"잔소리를 그만두고 이 책을 읽어라!" 이 책은 세계적 신경과학자가 안내하는 사춘기 바이블로 10년 동안 60만 부가 팔린 베스트셀러이다. 청소년 두뇌의 비밀에 과학적으로 접근, 실행능력을 키워 조절력과 독립심을 갖춘 아이로 키울 수 있게 해준다.
리처드 규어 · 펙 도슨 · 콜린 규어 지음 | 316쪽 | 18,000원

말 안 듣는 아들, 속 터지는 엄마
아들 키우기, 왜 이렇게 힘들까
20만 명이 넘는 엄마가 선택한 아들 키우기의 노하우. 엄마는 이해할 수 없는 남자아이의 특징부터 소리치지 않고 행동을 변화시키는 아들 맞춤 육아법까지. 오늘도 아들 육아에 지친 엄마들에게 '슈퍼 보육교사'로 소문난 자녀교육 전문가가 명쾌한 해답을 제시한다.
하라사카 이치로 지음 | 192쪽 | 143×205mm | 13,000원

성인 자녀와 부모의 단절 원인과 갈등 회복 방법
자녀는 왜 부모를 거부하는가
최근 부모 자식 간 관계 단절 현상이 늘고 있다. 심리학자인 저자가 자신의 경험과 상담 사례를 바탕으로 그 원인을 찾고 해답을 제시한다. 성인이 되어 부모와 인연을 끊는 자녀들의 심리와, 그로 인해 고통받는 부모에 대한 위로, 부모와 자녀 간의 화해 방법이 담겨있다.
조슈아 콜먼 지음 | 328쪽 | 152×223mm | 16,000원

세상에서 가장 아름다운 태교 동화
하루 10분, 아가랑 소곤소곤
독서교육 전문가가 30여 년 동안 읽은 수천 권의 책 중에서 가장 아름다운 이야기 30여 편을 골라 모았다. 마음이 따뜻해지는 이야기, 재치 있고 삶의 지혜가 담긴 이야기, 가족 사랑과 인간애를 느낄 수 있는 이야기들이 가득하다. 태교를 위한 갖가지 정보도 알차게 담겨 있다.
박한나 지음 | 208쪽 | 174×220mm | 16,000원

산부인과 의사가 들려주는 임신 출산 육아의 모든 것
똑똑하고 건강한 첫 임신 출산 육아
임신 전 계획부터 산후조리까지 현대의 임신부를 위한 똑똑한 임신 출산 육아 교과서. 20년 산부인과 전문의가 임신부들이 가장 궁금해하는 것과 꼭 알아야 것들을 알려준다. 계획 임신, 개월 수에 따른 엄마와 태아의 변화, 안전한 출산을 위한 준비 등을 꼼꼼하게 짚어준다.
김건오 지음 | 408쪽 | 190×250mm | 20,000원

뇌 건강에 좋은 꽃그림 그리기
사계절 꽃 컬러링북

꽃그림을 색칠하며 뇌 건강을 지키는 컬러링북. 컬러링은 인지 능력을 높이기 때문에 시니어들의 뇌 건강을 지키는 취미로 안성맞춤이다. 이 책은 색연필을 사용해 누구나 쉽고 재미있게 색칠할 수 있다. 꽃그림을 직접 그려 선물할 수 있는 포스트 카드도 담았다.

정은희 지음 | 96쪽 | 210×265mm | 13,000원

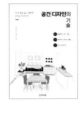

우리 집을 넓고 예쁘게
공간 디자인의 기술

집 안을 예쁘고 효율적으로 꾸미는 방법을 인테리어의 핵심인 배치, 수납, 장식으로 나눠 알려준다. 포인트를 콕콕 짚어주고 알기 쉬운 그림을 곁들여 한눈에 이해할 수 있다. 결혼이나 이사를 하는 사람을 위해 집 구하기와 가구 고르기에 대한 정보도 자세히 담았다.

가와카미 유키 지음 | 240쪽 | 170×220mm | 16,800원

나 어릴때 놀던 뜰
우리 집 꽃밭 컬러링북

'아빠하고 나하고 만든 꽃밭에, 채송화도 봉숭아도 한창입니다…' 마당 한가운데 동그란 꽃밭, 그 안에 올망졸망 자리 잡은 백일홍, 봉숭아, 샐비어, 분꽃, 붓꽃, 채송화, 과꽃, 한련화… 어릴 적 고향 집 뜰에 피던 추억의 꽃들을 색칠하며 그 시절로 돌아가 보자.

정은희 지음 | 96쪽 | 210×265mm | 14,000원

인플루언서 19인의 집 꾸미기 노하우
셀프 인테리어 아이디어57

베란다와 주방 꾸미기, 공간 활용, 플랜테리어 등 남다른 감각의 셀프 인테리어를 보여주는 19인의 집을 소개한다. 집 안 곳곳에 반짝이는 아이디어가 담겨 있고 방법이 쉬워 누구나 직접 할 수 있다. 집을 예쁘고 편하게 꾸미고 싶다면 그들의 노하우를 배워보자.

리스컴 편집부 엮음 | 168쪽 | 188×245mm | 16,000원

여행에 색을 입히다
꼭 가보고 싶은 유럽 컬러링북

아름다운 유럽의 풍경 28개를 색칠하는 컬러링북. 초보자도 다루기 쉬운 색연필을 사용해 누구나 멋진 작품을 완성할 수 있다. 꿈꿔왔던 여행을 상상하고 행복했던 추억을 떠올리며 색칠하다 보면 편안하고 따뜻한 힐링의 시간을 보낼 수 있다.

정은희 지음 | 72쪽 | 210×265mm | 13,000원

화분에 쉽게 키우는 28가지 인기 채소
우리 집 미니 채소밭

화분 둘 곳만 있다면 집에서 간단히 채소를 키울 수 있다. 이 책은 화분 재배 방법을 기초부터 꼼꼼하게 가르쳐준다. 화분 준비부터 키우는 방법, 병충해 대책까지 쉽고 자세하게 설명하고, 수확량을 늘리는 비결에 대해서도 친절하게 알려준다.

후지타 사토시 지음 | 96쪽 | 188×245mm | 13,000원

꽃과 같은 당신에게 전하는 마음의 선물
꽃말 365

365일의 탄생화와 꽃말을 소개하고, 따뜻한 일상 이야기를 통해 인생을 '잘' 살아가는 방법을 알려주는 책. 두 딸의 엄마인 저자는 꽃말과 함께 평범한 일상 속에서 소중함을 찾고 삶을 아름답게 가꿔가는 지혜를 전해준다. 마음에 닿는 하루 한 줄 명언도 담았다.

조서윤 지음 | 정은희 그림 | 292쪽 | 130×200mm | 16,000원

119가지 실내식물 가이드
실내식물 죽이지 않고 잘 키우는 방법

반려식물로 삼기 적합한 119가지 실내식물의 특징과 환경, 적절한 관리 방법을 알려주는 가이드북. 식물에 대한 정보를 위치, 빛, 물과 영양, 돌보기로 나누어 보다 자세하게 설명한다. 식물을 키우며 겪을 수 있는 여러 문제에 대한 해결책도 제시한다.

베로니카 피어리스 지음 | 144쪽 | 150×195mm | 16,000원

내 피부에 딱 맞는 핸드메이드 천연비누
나만의 디자인 비누 레시피

예쁘고 건강한 천연비누를 만들 수 있도록 돕는 레시피북. 천연비누부터 배스밤, 버블바, 배스 솔트까지 39가지 레시피를 한 권에 담았다. 재료부터 도구, 용어, 팁까지 친절하게 설명해 책을 따라 하다 보면 누구나 쉽게 천연비누를 만들 수 있다.

오혜리 지음 | 248쪽 | 190×245mm | 18,000원

내 집은 내가 고친다
집수리 닥터 강쌤의 셀프 집수리

집 안 곳곳에서 생기는 문제들을 출장 수리 없이 내 손으로 고칠 수 있게 도와주는 책. 집수리 전문가이자 인기 유튜버인 저자가 25년 경력을 통해 얻은 노하우를 알려준다. 전 과정을 사진과 함께 자세히 설명하고, QR코드를 수록해 동영상도 볼 수 있다.

강태운 지음 | 272쪽 | 190×260mm | 22,000원

유익한 정보와 다양한 이벤트가 있는
리스컴 블로그로 놀러 오세요!

홈페이지 www.leescom.com
리스컴 블로그 blog.naver.com/leescomm
인스타그램 instagram.com/leescom

더 오래, 더 맛있게
홈메이드 저장식 60

피클 장아찌 병조림

지은이 | 손성희
어시스트 | 한아련 윤진아

스타일링 | 장연정 장혜진 (장 스타일)

사진 | 허광 이규용 (치즈 스튜디오)
어시스트 | 이예은

편집 | 김소연 홍다예 이희진
디자인 | 정미영 한송이
마케팅 | 장기봉 이진목 김슬기

인쇄 | HEP

개정판 인쇄 | 2024년 8월 20일
개정판 발행 | 2024년 8월 26일

펴낸이 | 이진희
펴낸 곳 | (주)리스컴

주소 | 서울시 강남구 테헤란로87길 22, 7151호(삼성동, 한국도심공항)
전화번호 | 대표번호 02-540-5192
　　　　　　편집부 02-544-5194
FAX | 0504-479-4222

등록번호 | 제 2-3348

ISBN 979-11-5616-782-2 13590
책값은 뒤표지에 있습니다.
이 책은 (사)세종대왕기념사업회에서 개발한 문화바탕체를 사용했습니다.